陕西师范大学优秀学术著作出版基金资助出版

父母养育与儿童的情绪调节

李丹黎 ◎ 著

陕西师范大学出版总社

图书代号　JC19N1462

图书在版编目（CIP）数据

父母养育与儿童的情绪调节 / 李丹黎著. —— 西安：陕西师范大学出版总社有限公司，2019.9
ISBN 978-7-5695-1059-1

Ⅰ.①父… Ⅱ.①李… Ⅲ.①情绪—自我控制—儿童教育—家庭教育 Ⅳ.①B842.6②G782

中国版本图书馆CIP数据核字（2019）第195790号

父母养育与儿童的情绪调节
FUMU YANGYU YU ERTONG DE QINGXU TIAOJIE

李丹黎　著

责任编辑	曾学民　刘　影
责任校对	张海燕
封面设计	鼎新设计
出版发行	陕西师范大学出版总社
	（西安市长安南路199号　邮编 710062）
网　　址	http://www.snupg.com
经　　销	新华书店
印　　刷	西安日报社印务中心
开　　本	787mm×1092mm　1/16
印　　张	11
字　　数	260千
版　　次	2019年9月第1版
印　　次	2019年9月第1次印刷
书　　号	ISBN 978-7-5695-1059-1
定　　价	45.00元

读者购书、书店添货或发现印刷装订问题，请与本社联系。
电　话：（029）85307864　85303622（传真）

前言

情绪的功能主义概念框架强调情绪是具有适应性功能的，它具有传递重要信息的功能。例如，快乐情绪可作为保持人际和谐与互动的信号，而愤怒也可以促使个体尝试做出一些改变，从而有利于克服障碍，同时也能让别人更加顺从自己。然而，有些极端消极的情绪，也会干扰到一些短期目标的达成。另外，如果对于这种强烈的极端情绪感到无所适从，无法做出恰当的情绪表达，那么个体的社会能力发展则是会受到影响的。正因如此，学会表达和管理情绪是儿童发展过程中的必修课。

从婴幼儿期到儿童期，再到青少年期，父母的养育对儿童的情绪发展起着至关重要的作用。本书结合相关的理论与实证研究，分别从亲子依恋、父母的教养行为、父母的情绪社会化、父母自身的情绪调节和父亲的养育角色这几个具体方面来阐述父母养育对儿童情绪调节发展的重要作用。本书第一章聚焦于亲子依恋与儿童情绪调节的关系，首先对亲子依恋的理论观点及测量方法进行说明，其次对亲子依恋与儿童情绪调节的实证研究进行总结，从而系统地阐述亲子依恋对儿童情绪调节发展的重要作用。本书第二章论述了父母教养行为与笼统的父母教养方式分别对儿童情绪调节发展的影响。本书第三章从父母养育中与儿童情绪发展关联极其密切的父母情绪社会化的角度，来论述父母对儿童的情绪应答以及父母的情绪理念对儿童情绪调节发展的重要作用。本书第四章和第五章均聚焦于父母的自身特征对儿童情绪发展的影响，分别从父母自身的情绪调节和父母的性别角色这两个方面进行论述。第六章则从较宽泛的家庭情绪氛围的角度来阐述父母的情绪表达、父母与儿童的情绪谈话以及父母冲突对儿童情绪调节发展的影响。

本书针对现有的文献进行回顾与总结，包含父母养育各个具体方面的重要理论观点及实证研究发现，在细节方面体现出对当前科学研究的提炼，并从科学的角度系统全面地阐述父母养育对儿童情绪调节发展的重要作用。本书可作为一本科学实用性工具书，让广大读者了解到父母养育对于儿童情绪发展的重要作用，从中吸收一些理论知识，并将其运用于育儿实践中。同时，本书从发展心理学的视角揭示父母养育的理论与实际意义，希望能够呼吁家长们积极关注并参与到发展心理学的科学研究与实践应用活动中来。

本书获得"陕西师范大学优秀著作出版基金"与"中国博士后科学基金（批号：2017M610621）"的资助与支持。本书的写作与出版过程受到陕西师范大学心理学院王振宏教授的支持与帮助，对此表示由衷的感谢！

最后，囿于作者能力的局限，本书难免有一些不足之处，敬请读者们不吝批评指正。此外，为了不影响文中多处专业名词及术语表达的准确性，尽可能附上原版的英文。

李丹黎

2019年9月

目录

第一章 亲子依恋与儿童的情绪发展　　1
第一节　亲子依恋与儿童情绪调节的理论观点　　2
第二节　亲子依恋的测量　　4
第三节　亲子依恋与儿童情绪调节的实证研究　　13

第二章 父母教养与儿童情绪调节　　29
第一节　父母教养行为　　30
第二节　笼统的父母教养方式　　40

第三章 父母情绪社会化与儿童情绪调节　　53
第一节　父母情绪社会化的概念和理论框架　　54
第二节　父母的情绪应答　　59
第三节　父母的情绪理念　　69

第四章 父母自身的情绪调节　　83
第一节　父母情绪调节的定义与测量　　84
第二节　父母情绪调节与孩子情绪调节的直接联系　　90
第三节　父母情绪调节与孩子情绪调节的间接联系　　93

第五章 父亲的养育角色　　　　　　　　　　101
　　第一节　父亲养育的相关理论　　　　　　102
　　第二节　父亲与母亲情绪社会化角色的比较　　106
　　第三节　父亲与儿童情绪发展的实证研究　　108

第六章 家庭情绪氛围　　　　　　　　　　　117
　　第一节　父母的情绪表达　　　　　　　　118
　　第二节　父母与孩子的情绪谈话　　　　　126
　　第三节　父母冲突　　　　　　　　　　　137

附录一　依恋Q分类法的各项描述　　　　　　158
附录二　成人依恋访谈的部分内容　　　　　　162
附录三　台湾版亲子依恋量表　　　　　　　　164
附录四　情绪调节困难量表——16题简版　　　165
附录五　情绪调节问卷　　　　　　　　　　　166
附录六　家庭情绪表达问卷题目　　　　　　　167
附录七　儿童感知的父母冲突量表　　　　　　169

第一章

亲子依恋与儿童的情绪发展

亲子依恋理论作为一个非常综合全面的理论框架,为我们理解儿童的情绪与社会性发展提供了十分重要的信息。Bowlby[1-2]提出假设认为,亲子关系质量为儿童今后的人格发展奠定了基础,而不安全依恋则为他们后续的各种发展问题埋下了隐患。大半个世纪以来,大量有关依恋理论的实证研究表明,亲子依恋的质量是影响儿童幸福感的重要家庭环境因素。例如,许多研究发现,拥有安全型依恋的儿童所表现出的内外化问题行为更少[3-4],以及社会能力和同伴关系质量更好[5]。同样,情绪调节也是发展心理学界近二三十年一直受关注的重要议题。目前许多实证研究已证实,情绪调节无论与积极的发展结果[6],或是不良的病理症状均具有密切联系[7-8]。由于亲子依恋对婴儿期、儿童期、青少年期,甚至成人期的情绪调节发展均具有长远影响[9-13],因此十分有必要对亲子依恋对子女情绪调节的作用机制进行分析与探讨。

第一节　亲子依恋与儿童情绪调节的理论观点

经典依恋理论的一个重要观点是父母与子女的依恋关系对子女在儿童时期、青少年时期以及成人期社会性、情绪、行为适应能力的发展具有深远影响[1-2,14-16]。这一观点被提出之后，即受到父母教养、家庭关系、情绪调节以及儿童与青少年压力应对等研究领域的广泛关注与认可[17-22]。依恋的影响力广泛而深远，依恋成为儿童发展出对情绪进行有效感知与调节，对压力性事件进行适应性应对能力的奠基石。大量研究证实，照料者不仅能够引导儿童进行恰当地、能被社会接受的方式进行情绪表达(尤其是消极情绪的表达)，他们还会为儿童的情绪调节提供直接帮助，指导儿童采用合适的策略以减少痛苦情绪感受[23-24]。

依恋理论系统本身就具有自我调节功能，尤其当孩子在某些情境的刺激下产生负性情绪，从而促使孩子从父母身上获得支持。然而，依恋并不仅仅具有单一的紧急反应功能。孩子从依恋对象身上获得安全感的能力，是他们探索和掌握社会应对能力的必要条件[25]。依恋理论认为，父母所扮演的角色是"外部组织者"[26]，良好的亲子关系为孩子的情绪社会化提供了有利条件，从而为孩子情绪调节的发展创造外部条件。在与照料者的互动过程中，通过直接传授、进行情绪及其表达方式的交流与讨论等各式各样的社会化途径，使孩子得以掌握情绪管理与调节策略的使用。此外，孩子同样能够直接观察与模仿依恋对象对情绪的表达和调节方式，并将其转化为自身的情绪调节能力[27]。我们在有关童年中期少量文献中搜索到父母情绪社会化策略与亲子依恋之间如何建立联系的依据。例如，具有安全型依恋特征的孩子的母亲在与孩子讨论愤怒这种挑战性情绪时，更倾向于采用情绪教导式理念而不是情绪摒弃理念[28]，并且她们在与孩子交谈时表现出更少的负性情绪，也更少地直接表达出愤怒情绪[29]。

依恋理论学家认为，亲子依恋类型的个体差异决定了儿童情绪调节发展的个体差异，这正说明了应当针对不同依恋类型（安全型vs.非安全型）的儿童，培养他们不同的情绪调节策略[28,30]。安全型依恋的儿童在与照料者反复地接触与互动中，如果照料者能够敏感地捕捉到儿童的情绪，灵活运用策略来调节他们的情绪，并且能够鼓励儿童进行情绪表达，这些儿童则更能够开放表达他们的情绪、习得在压力性情境中采取有效途径来管理负性情绪、消除自己的痛苦情绪反应[6]。Cassidy的研究[18]中关注了非安全型依恋儿童在依恋关系中所表现出情绪调节特征的差异性。这些情绪调节策略能够让儿童应对不同类型的养育环境，从而具有进化意义上的适应性[31]。具体表现为：矛盾型依恋的儿童总是过度表现出消极情绪，看起来似乎总是在努力争取获得对他们若即若离的依恋对象的关注；回避型依恋的儿童在与依恋对象互动中总是忽视自己的负性情绪，这能够使他们与对依恋容忍性较低的依恋对象保持着融洽关系。无组织型依恋的儿童则在应对照料者敌意/侵入式行为、角色互换、不协调的情绪表达以及分离的过程中错过了学习缓和痛苦反应以及进行恰当情绪调节策略的机会[32-33]。

此外，研究者们还得出结论，照料者能够敏锐感知婴儿的需求与感受，是他们彼此能够建立起安全型依恋关系的先决条件[14,34]。这种敏感性实质为婴儿与照料者之间的"共同调节"[35]，因为它实际上反映的是一种双向关系，即照料者能敏锐捕捉婴儿的各自迹象，而婴儿也能够向他们的照料者提供越来越明确清晰的信息，从而使他们建立起关于如何应对挑战或潜在危险情境的良性互动交流[36-38]。照料者与婴儿之间的互动成为婴儿发展出自我指向性的情绪调节与应对的基础。换句话说，诸如寻找帮助与支持，或采用分散注意力的策略来克服痛苦反应，实际上是儿童在外界的辅助下以及照料者提供的行为模板上所习得的，并最终被内化为自我导向性质[38-40]。尽管这种双向互动式的依恋行为模式仅仅在婴儿出生后的一年内得以体现，但这种互动模式却能够让儿童今后发展出不同的情绪调节模式[38,41]。

不管是作为孩子遇到困难时的安全港湾，或是作为驱动他们迅速发展的动力来源，亲子依恋在儿童发展过程中始终扮演着重要角色。随着儿童不断得以发展的在依恋中的角色与责任感，作为发展过渡时期的儿童中期是孩子与父母共同建立与巩固良好的相互依恋模式的重要时期[42]。然而，这个时期儿童对情绪调节策略的使用已不再局限于亲子之间的互动，儿童已经开始尝试将这种能力运用至其它社会情境中去。此外，这个时期儿童的情绪调节策略更加复杂多样化，体现为对多种复杂情绪的感知、在不同社会情境中塑造各种情绪表达剧本，并利用情绪表达来维持人际交往与互动[43]。当儿童变得更具有自主意识，伴随社会交往范围的扩大，逐渐感受到同伴关系的重要性，这个时期的发展任务以自我调节技能的发展与有效情绪调节策略的运用为核心需求。

尽管理论上认为依恋与情绪调节的联系始自婴儿时期，二者的关联在青少年和成人时期同样存在。例如，成人依恋理论的观点总是会强调"二次依恋策略"[44]。当追溯到过去有关亲子依恋与二次依恋策略之间的关联时，该理论阐述了成人依恋是如何

决定不同个体在处理、管理或面临压力性生活事件时，会采用不同的情绪调节策略。安全型依恋的个体在面对压力时，能够在依靠自我与求助他人之间做出平衡的选择，从而利用各自的优势来进行调节与应对。相反，矛盾型或焦虑型依恋的个体通常具有"激活过度"特征，他们往往表现出过度的情绪反应，并且在受到负面情绪困扰时，总是极尽所能地试图获得他人的关注[45]。而依恋回避型的个体通常表现出对负性情绪的克制与压抑，他们在面对不愉快体验时，往往会与他人保持一定的距离，不会轻易寻求帮助[44]。因此，依恋回避型个体通常具有"激活不足"的特征。最后，无规则型依恋倾向的个体往往在"激活过度"与"激活不足"这两种策略之间具有选择困难，并且常常最终做出不协调一致的选择策略[46-47]。然而，少数研究者运用二次依恋策略探讨了依恋如何决定了个体在婴儿期[48]、青少年期[49]和成人期[50-51]的情绪调节策略使用，如何从寻求帮助、主动式问题解决过渡到情绪表达、回避、分心和撤回等策略。

第二节 亲子依恋的测量

总体而言，依恋的测量范式主要分为两种类型，一种是以行为观察和访谈为代表的推理解释型测量范式，另一种则是以问卷为主要测量形式。这两种测量范式分别以不同的依恋理论为基础，前者基于发展与临床心理学派的依恋理论观点[52]，而后者则与人格和社会学派的依恋理论相一致[47]。发展心理学派对依恋的研究手段侧重于儿童与主要照料者之间的依恋关系与联结，这往往可以通过半结构式访谈和行为观察得以实现[53-54]。相反，社会与人格心理学派则主要通过自我报告与依恋行为有关的期望、想法和行为模式[22,45,55]，有时也会要求被试自我报告有关情绪反应的相关问题。

尽管这些测量工具均被证实为具有实证效度[54,56-57]，然而，这两种不同的测量手段所获得的结果却较难统一[56-58]。研究者指出，自我报告和非自我报告法所探测到的极有可能是依恋概念体系里虽具相关性但却并不相同的方面[57]。与此相应的是，Roisman等人的研究[57]发现，成人依恋访谈法（Adult Attachment Interview，通过访谈法了解到成人对童年期照料者的经历体验）中用到的分类评定（安全型vs.非安全型、过度激活型vs.激活不足型）与自我报告法所测量到的依恋对成年期人际关系质量分别具有不同的预测作用。由于本章节对亲子依恋的探讨属于发展心理学领域的议题，因此，我们对亲子依恋测量方式的文献回顾主要聚焦于发展心理学领域的研究。

Zimmer-Gembeck等人[59]对2014年以前发表的有关学步期/学前期、学龄期及青少年期的亲子依恋与情绪调节/应对的二十三项实证研究进行元分析,其中十四项聚焦于学步期/学前期的研究,九项关注学龄期及青少年期。十四项学步期及学前期的研究中,十二项均采用陌生情境法(Strange Situation)作为测量亲子依恋的任务范式,另外九项学龄期和青少年期儿童的研究中,则以访谈法和行为观察为主要测量手段。接下来我们将对这些测量范式做具体说明。

一、儿童早期依恋的测量方法

(一)陌生情境法(Strange Situation)

陌生情境法主要用于测试婴儿与学步儿童的依恋模式。Ainsworth等人[60]所著的"探讨依恋模式:基于陌生情境法的心理学研究"一书中对陌生情境法的实验程序进行了详细阐述。陌生情境法的实验程序共包含八个环节,每个环节按照压力性从小到大的顺序依次铺展开,第一个环节为压力最弱的环节。表1-1对陌生情境法进行了简要描述。首先,实验者向被试简要介绍实验程序之后,儿童与母亲被带到一间他们不熟悉的观察室里,此时观察者会观测孩子在观察室里的行为表现,比如是否会从母亲的怀抱里离开,主动去接触观察室里摆放的一系列玩具。下一个环节里,一个陌生人进入观察室,并且以十分友好礼貌的方式接近孩子。再下一个环节,母亲离开观察室,儿童单独与陌生人共处一室,由此制造出压力性氛围。几分钟后,母亲重新回到观察室里,而陌生人此时则悄悄地溜出观察室外。母亲被要求对儿童进行安抚,重新唤起他们对玩具的兴趣,并且试图让儿童的好奇心和探索渴望恢复到母亲离开前的状态。接着,母亲与儿童将面临第二次分离,即母亲再次离开观察室,独留儿童一个人在观察室内。此时,根据儿童接下来的行为表现,研究者评估儿童是否表现出比上一次更严重的焦躁不安反应,或是被迫接受和面对这第二次的分离。其次,还可以评估儿童与母亲分开是否比与陌生人单独相处更令他们不安。紧接着,陌生人会再次进入观察室。目前的实验场景及顺序安排被证实为能够有效服务于实验目的,即通过观察孩子的行为表现从而推理总结出他们的亲子依恋类型,以及不同个体之间的差异性。

表1-1 陌生情境法实验程序概要

实验环节序号	参与人物	持续时间	实验程序描述
1	母亲、孩子、观察者	30秒	实验者带领母亲与孩子进入观察室后离开

表1-1 续表

实验环节序号	参与人物	持续时间	实验程序描述
2	母亲、孩子	3分钟	母亲待在一旁，让孩子在观察室里自由探索
3	陌生人、母亲、孩子	3分钟	陌生人进入观察室：第一分钟，陌生人保持安静；第二分钟，陌生人开始与母亲交谈；第三分钟，陌生人靠近孩子。三分钟后母亲悄然离开
4	陌生人、孩子	3分钟或更短	母亲与孩子第一次分离，陌生人会根据孩子的表现做出灵活应对
5	母亲、孩子	3分钟或更长时间	母亲与孩子第一次重聚。母亲问候并安抚孩子，并试图重新让孩子投入到玩具中，接着母亲向孩子告别，再次离开
6	孩子	3分钟或更短	第二次母亲与孩子分离
7	陌生人、孩子	3分钟或更短	陌生人再次进入观察室，根据孩子的表现而做出灵活应对
8	母亲、孩子	3分钟	母亲与孩子第二次重聚。母亲回归观察室，问候孩子并接走孩子，同时陌生人悄声离开

注：引自Ainsworth等人[60]。

通过陌生情境实验程序，观察者可从三个方面对孩子的依恋行为进行定性与定量描述：（1）某个具体环节中具体人物身上某些行为的发生情况，一般是目标行为占该人物所有行为的百分比；（2）某些行为发生频次的测量；（3）某些双向互动式行为的特定分数。这些测量方式能够反映母亲与孩子在八个环节中的行为趋势，然而，第四种测量方式,即根据婴儿的行为模式来对他们的依恋模式进行分类,似乎比以上三种量化方式更能捕捉到不同个体在陌生情境中行为表现的差异性。

1. 百分比量化方式

每个具体环节中表现出某种特定行为的婴儿人数占总样本人数的百分比是一个重要的量化方式。例如,婴儿的特定肢体动作和表情(与陌生人的接触、哭闹等),或者母亲的特定肢体动作和语言(拥抱婴儿、语言安抚等)。

2. 行为频次测量

常用的主要有两种类型的频次测量方式。一种是比较零散的或者持续时间较短的行为,另一种是持续时间较长并且由一系列零散的行为按照一定的次序组合而成。第一种行为发生频次往往是针对某一具体环节而言,这一类型的行为往往与笑容和言语有关。第二类型的频次测量多基于短暂的时段,往往是将一段较长的观察视频分割为多个15秒的时段,对每一个时段内某种或某一类行为的有无发生、是否连续、间歇性或瞬时性发生进行累计计数。每一个具体环节通常持续3分钟,因此这些行为发生频次的最高数值为12次。如果某些环节超过或少于3分钟,则可通过相应的转化方式,将该环节内的频次计数换算为与3分钟计分方式等价的分值。

尽管频次测量和百分比测量方式是陌生情境法中较常用的数据分析手段,它们却无法对婴儿与他人的互动模式给予准确的定性和定量计数。频次测量方式的确能够对依恋行为中的多种行为模式进行计数,比如笑容、语言和注视等。然而,这种测量方式始终无法为确立婴儿对母亲的依恋行为提供强有力的证据,对于他们指向陌生人的社会行为更加无法定论。百分比测量方式虽可用来描述陌生情境法的不同环节之间存在的规律,然而,当我们渴望来探索不同行为模式之间的相关关系,以及婴儿或母亲分别在陌生情境与家中行为模式的相关程度时,百分比例却无法作为一种有效的定量方式。

3. 依恋类型的划分方式

Crugnola等人[61]的研究采用陌生情境范式,将婴儿的依恋行为编码为三个类别。安全型依恋的婴儿会对母亲在场感到安全,并因此敢于探索陌生环境,在母亲与自己分离时会出现分离焦虑,会在与母亲第一次重聚时主动接触母亲并与其互动,容易被安抚,并且能够重新投入先前的玩乐状态。回避型依恋的婴儿即使在母亲在场的情况下,也不愿意主动与母亲进行交流并探索环境。他们在与母亲分离时也并不会表现出明显的焦虑,在与母亲首次重聚时不会主动接触母亲以获取关注支持,相反,他们会

表现出对母亲的逃避,甚至会特意将目光转移至别处,拒绝接触从而自己继续玩耍或探索环境。总而言之,逃避型依恋的婴儿在与陌生人单独相处时,并不会表现出受惊,他们甚至在整个实验程序中都会只关注身边的玩具和周围的环境。最后,抗拒型婴儿往往在整个实验过程中只表现出对母亲的关注,在与母亲分离时很难再对周边的环境引起兴趣,同时会表现出焦虑不安,甚至愤怒,并且在与母亲重聚时这种不安的情绪无法得到平息。与母亲重聚后也不会再重新开始之前的玩耍,而是会带着敌意和恐惧的情绪来面对陌生人。

Bosquet和Egeland的研究[62]对155名婴儿从出生、12个月、18个月、42个月、幼儿园、一年级、六年级、16岁和17.5岁进行长期追踪。研究者分别在12个月和18个月的时候采用陌生情境法测量婴儿的不安全依恋发展历程。观察者通过对陌生情境中婴儿的行为表现将他们划分为安全型和非安全型依恋两种类别。最终,每个婴儿在两次测量中累计被评估为非安全型依恋的次数则被计分为他们的非安全型依恋分数,分数介于0—2之间。

(二)依恋的Q Sort分类法

Waters和Deane的研究[63]介绍了另一种有关婴幼儿依恋安全的测量工具——依恋Q分类法,简称AQS（Attachment Q Sort）。AQS由大量的卡片组成,通常是75张、90张或100张。每一张卡片对应着12到48个月大婴幼儿某些特定行为特征的描述。这些卡片集合基本可涵盖日常生活中孩子在家中经常出现的一系列行为特征,重点聚焦于反映儿童安全感的行为特征[68]。经过几个小时的观察之后,观察者按照卡片上特征描述与被观察者实际行为相符合的程度,将卡片进行类别排序,从"最符合目标人物"的类别到"最不符合目标人物"类别,从而获得类别的数目以及每个类别所包含的卡片数目。

同时,相关专业人士会根据典型的安全型依恋儿童的行为特征,制定出一个反映标准安全型依恋儿童行为特征的卡片类别描述组合。通过对比采用Q分类法所获得的卡片组合与描述标准安全型依恋儿童的卡片组合,所获得的相关系数即为AQS方法所测得的被观察儿童的依恋分数。理论上,AQS方法的分数范围理应介于-1到+1之间。分数为-1表示该儿童的依恋行为特征与安全型依恋行为完全相反,即可断定该儿童属于非安全型依恋。相反,分数为+1则表现该儿童的依恋行为特征与安全型依恋行为完全一致,即可认为该儿童属于安全型依恋。须注意的是,只有将Q分类法所获得的行为特征分类与标准安全依恋型特征进行比较所得的分数才具有意义,单独的类别数目及每个类别所含的卡片数目是毫无意义的。

Panfile和Laible[40]的研究采用AQS 3.0[63]来测量3岁儿童的亲子依恋。考虑到母亲对于婴儿依恋类型最为了解，Teti和McGourty[64]建议应由母亲来进行操作，采用Q分类法测量孩子的依恋安全。正式研究开始前1—2周，研究者通过电子邮件向母亲们发送AQS 3.0的电子版描述，让母亲对于该分类法的测量目的并不知情的情况下，先熟悉这些描述的内容。实验室测验中，研究助理会指导母亲进行分类判断。母亲最终的分类结果会与安全型依恋的分类标准进行对比，分数越接近1代表孩子越接近于安全型依恋。AQS 3.0的中文翻译项目见本书附录一。

尽管Q分类法的测量学功效早已得到证实[65]，仍有少数研究者质疑母亲及受过训练的研究者能否有效的进行分类判断。经进一步论证，只要母亲在有经验的研究者的培训和协助下，在对卡片的标准结构不知情的状态下进行分类判断，她们是能够提供有效判断标准的[64]。有研究证实，母亲采用Q分类法所获得的儿童依恋类型与陌生情境法所测量到的儿童依恋类型具有中等程度以上的相关[66]，该分类法的参照标准与依恋理论中对儿童依恋情形的描述十分相符[67-68]。

二、儿童中期依恋的测量方法

（一）访谈法

婴幼儿时期到儿童中期的过渡期间，儿童与照料者之间依恋的模式发生了变化，从而使得依恋的测量模式也出现相应变化。儿童中期的依恋模式已经不再是婴儿与照料者之间建立起亲近感，而更多应体现在照料者的可获得性、儿童与父母之间形成的双向性互动，以及儿童自我独立意识的发展这些方面[69]。行为观察对于测量早期儿童的依恋来说是个最佳选择，然而，诸如问卷法和故事访谈法等其他测量方法可能更适用于儿童中期依恋的测量。Main建议[70]，应该同时结合问题法和访谈法来测量依恋，从而能够比较两种方法的测量效度。已有研究发现，问卷法和故事访谈法所测得儿童中期的依恋具有中等程度相关，尽管这些研究所关注的依恋模式并不统一[71-73]。因此，Kerns等人的研究[74]结合问卷法与玩偶故事访谈法来测量10至12岁儿童的依恋模式，并且考察这两种测量方式所获得的依恋是否彼此相关。

1. 故事访谈法

为了测量儿童对依恋的内心表现法，实验者会以依恋为主题讲一个故事，故事的开头引出一个与依恋相关的问题，并让孩子以这个为开头来进行接下来的故事讲解。孩子以一个玩偶作为故事的主人翁，站在玩偶的角度进行思考接下来会发生什么。第一个故事主题是：晚上睡觉前，一个孩子做家庭作业遇到困难了，并且第二天一早就要提交作业。接着实验者要求被试继续讲解后面的故事情景里会发生些什么。第二个故事描述的是一个孩子在朋友的家里玩耍，玩耍的过程中两人起了很大的冲突，于是孩子的朋友让这个孩子赶紧离开。这个孩子回到家之后砰地一声关上门。孩子的母亲并不清楚刚刚发生了什么，听到关门的声音，于是喊了孩子的名字并问："是你吗，（孩子的名字）？"接下来，实验者要求被试将后续的故事情节补充完整。整个故事访谈过程会被录像，并由几个评分者独立进行定量转化。评分者参照Granot和Mayseless的编码评分手册[75]，通过被试对故事情节的补充，分别从安全型、困难型、回避型和无组织型这四个方面对被试的依恋模式进行五点评分，从而获得每个被试在这四个依恋维度上的得分。Kerns等人的研究[73]中，被试每个依恋维度的平均得分和标准差分别为：安全型2.74（1.27）、困难型1.49（0.97）、回避型1.90（1.12）、无组织型1.40（0.81）。

2. 木偶访谈法

Ackerman和Dozier的研究[76]中用到木偶访谈法和分离焦虑测试法来测量5岁儿童的依恋行为。木偶访谈法[77]是一项针对5到7岁儿童设计的测量儿童对他人眼中自我形象的感知情况。访谈道具包含一个长胳膊木偶和一个性别中性的名叫比克斯的鸟，儿童需要借助它们来回答研究者所提的二十个问题。儿童以木偶作为自我形象的代表，他们对木偶的描述反映出他们对自我形象的感知。观察者也可对儿童这些描述进行编码和提取，从而获得儿童的自我形象感知。访谈中研究者对儿童所提的问题如下："比克斯，你喜欢（儿童的姓名）吗？""比克斯，你曾经对（儿童的姓名）感到失望过吗？""你知道有人喜欢（儿童的姓名）吗，是谁？""你认为（儿童的姓名）是个很特别的孩子吗？"。孩子的回答往往认为自己非常积极并且完美无可挑剔，只有少数儿童会回答他们曾经令人失望过或者他们并没有特别之处[77-78]。研究者通过Verschueren和其同事针对该访谈法设计的编码手册[78]，对儿童的回答进行编码。该编码系统不仅对儿童的自我形象感知进行笼统分类（积极正面或消极负面），同时还会针对自我形象感知的两个具体方面：积极性与开放性，进行1—6六点评分。开放性的评估主要由访谈中的五个问题组成，主要问及儿童是否承认自己不够完美，儿童越倾向于承认自己存在不足之处，开放性的评估分数越高。通过对积极性与开放性这两个维度的评估，可获得儿童自我形象的四个类别，分别是积极开放、积极完美、消极开放、消极完美。

3. 分离焦虑测试

分离焦虑测试（The Separation Anxiety Test）由Hansburg[79]、Klagsbrun和Bowlby[80]制定，并由Kaplan[81]进行修订，从而测量儿童关于依恋关系的认知模式。该测试普遍用于测量儿童对于假想的亲子分离情境所表现出的语言和情绪上的反应模式。修订版本中包含四个独立的情境图片，图片中人物的性别和种族会与被试进行一一匹配：（1）父母晚上外出，留下孩子一个人在家；（2）父母周末离开，孩子和阿姨和叔叔待在一起；（3）开学第一天，母亲载送孩子去学校后，让孩子独自下车；（4）母亲为孩子盖好被子后离开房间。前两个场景为典型的分离情境，后两个稍缓和一些。

实验者向孩子解释每个图片所描述的情境内容，同时会问孩子以下五个问题：（1）图片中的男孩/女孩会有怎样的感受？（2）为什么他/她会有这种感受（如发飙、伤心、开心等）？（3）你觉得他/她会做些什么或者说些什么？（4）你认为父母会有怎样的感受？（5）你认为父母会怎么做或者说些什么？研究者会根据孩子的回答，采用9点评分，对情绪安全感和应对反应质量这两个方面进行评分，得分越高表示孩子的情绪安全感越高以及面对分离情境的应对质量越好。

（二）问卷法

Kerns等人[82-83]编制的依恋安全量表共包含15个题目，采用儿童自我报告法，测量儿童感知到的亲子关系的安全程度，主要体现在以下方面：（1）孩子在多大程度上相信被依恋者是关心并陪伴自己的（例如，孩子是否担心在自己需要的时候家长不在身边）；（2）孩子在感受到压力的时候会表现出对被依恋者的依靠（例如孩子在不开心的时候会去寻找父母）；（3）孩子认为与被依恋者进行交流是轻松而又有趣的（例如，孩子很乐意告诉家长他/她有什么想法或感受）。题目的结构采用Harter[84]研究中的"有些孩子……另一些孩子……"这样的形式，每个题目描述的是具有两种截然不同特征的儿童，例如，"有些孩子感到难过时会寻找母亲获得安慰，另一些孩子却不会这样做"。孩子阅读每个题项描述，并且评估哪一种孩子的特征描述更贴近于他们自己，并且再次评估该描述与自己实际情况相符合的程度（非常符合或有些符合）。每个题目会通过四点计分，分数越高则表示依恋的安全感更强。最终对15个题的得分进行平均，从而获得依恋安全的最终得分。

三、青少年期依恋的测量方法

（一）成人依恋访谈法

成人依恋访谈（Adult Attachment Interview; AAI是一种结构化访谈法，用于引发被

访谈者对依恋经历的记忆与情绪[85-86]。研究者要求青少年被试对他们与父母之间的关系程度作大致描述，同时列举一些生活经历来支持这些描述。访谈过程中，青少年被要求对父母的行为做出解释，并且描述一下他们现在与父母之间的关系情况，以及评估他们儿童时期的经历对他们后来人格发展的影响。另外，青少年也会被问到，试想一下将来等他们自己成为父母的时候，他们会怎么想以及怎么做？访谈的部分问题已在本书末尾附录二中列出。研究者会根据访谈内容推断出被试在儿童时期经历的被爱、被拒绝、父母投入和忽视、父母施加的压力，以及被访谈者内心活动所体现出的理想化程度、愤怒、受伤害的程度、除去记忆影响以外对童年时期回忆的深刻程度、被动性和连贯性这些方面进行评分，根据这些得分将被试按照组别划分为不同的依恋类型组：安全自主型依恋、非安全回避型依恋、非安全矛盾型以及尚未恢复的创伤与缺失[86]。

（二）家庭依恋访谈法

Hershenberg等人[87]的研究考察了青少年的依恋安全感和情绪行为在不同场景情境中的联系。该研究采用家庭依恋访谈法来测量青少年的依恋安全感（Family Attachment Interview, FAI）[88-89]。家庭依恋访谈法是半结构化访谈，通过了解青少年与父母之间的关系从而推断出青少年的依恋安全感。访谈的程序与计分方式均与成人依恋访谈法（AAI）较一致，不同的是，FAI对被访谈者的四种依恋模式进行计分，分别是安全型、恐惧型、矛盾型和回避型，而AAI仅仅对安全型、矛盾型和忽视型这三种模式进行计分。研究者对被访谈者的录音进行编码，分别对每种依恋模式进行1-9点计分，从"完全不属于这种依恋类型的特征"到"几乎与这种依恋类型完全吻合"。

（三）父母与同伴依恋量表

台湾研究者孙育智、叶玉珠[90]在Armsden和Greenberg编制[91]的父母与同伴依恋量表（Inventory of Parent and Peer Attachment, IPPA）基础上，修订了中文版的父母与同伴依恋量表，包含母亲依恋、父亲依恋和同伴依恋三个分量表。母子依恋与父子依恋各20个项目，项目内容相同（母子依恋项目见本书附录三）。采用1-4四点计分，得分越高代表依恋质量越高（1 = 从不这样，4 = 总是这样）。该量表已被运用于中国大陆样本，并被证实具有较好的信效度[92]。同时，许多大陆学者也在原量表（IPPA）的基础上进一步修订简化，将父子依恋和母子依恋缩减至10至15题不等[93-96]。这些简版亲子依恋问卷在中国大陆样本中也已被证实具有较好的信效度。

第三节 亲子依恋与儿童情绪调节的实证研究

一、婴幼儿期

Bosquet和Egeland的研究[62]对155名婴儿从出生、12个月、18个月、42个月、幼儿园、一年级、六年级、16岁和17.5岁进行长期追踪，考察婴儿时期的亲子依恋对其青少年期焦虑症状的影响。研究者认为，婴儿时期的亲子依恋关系作为早期的影响因素，可能对他们后续焦虑症状的发展具有长期纵向影响。婴儿时期的依恋关系分别在12个月和18个月的时候采用陌生情境法进行测量。结果表明，婴儿时期的非安全型依恋关系会预测他们青少年早期对同伴关系的消极心理表征，从而对青少年时期的焦虑症状具有显著影响。通过长期的纵向追踪设计，该研究证实了早期亲子依恋对于儿童有关社交人际的心理表征具有显著的影响，这种影响会持续到青少年时期，最终表现为情绪与社交性方面的发展结果。

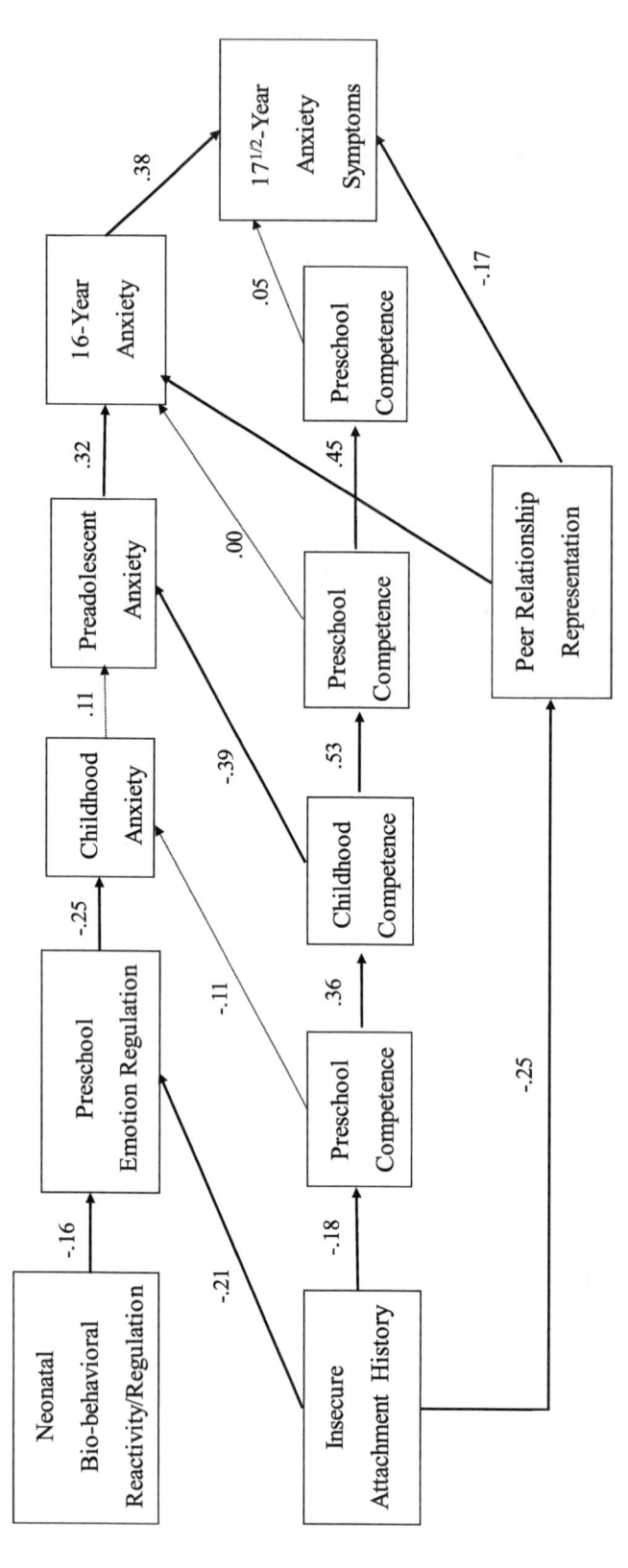

图1-1 亲子非安全型依恋对儿童期、青少年早期和青少年期焦虑症状的预测，引自Bosquet和Egeland[62]。

注：实线均为显著预测路径（$p < .05$）。

另一项研究考察婴儿的依恋关系质量对他们情绪调节策略使用的影响[61]。婴儿13个月大的时候，研究者采用陌生情境法测量他们的亲子依恋类型。结果发现，20个婴儿被判断为安全型依恋类型，7名婴儿具有抗拒型依恋特征，另外12名为回避型依恋类型。此外，婴儿的情绪调节策略使用也通过对陌生情境中他们的行为表现进行观察而测得。结果表明，安全型依恋的婴儿比回避型依恋的婴儿使用更多的积极社会参与（触摸或与母亲或陌生人建立互动）的调节策略，而抗拒型依恋的婴儿比另外两种依恋类型的婴儿均表现出更多的消极社会参与（对母亲或陌生人的攻击或抗拒行为等）和更少的事物导向性策略（抓握物体或玩具、关注周围的环境与物体等行为）。回避型依恋的婴儿所采用的积极与消极情绪调节策略低于另外两种类型婴儿。

另外，也有研究考察婴儿的情绪调节在亲子依恋与他们的移情能力之间的中介作用[40]。该研究于儿童3岁时，由母亲通过依恋Q分类法对他们的依恋安全感进行测量，并且采用问卷法，由母亲报告儿童的负性情绪性、情绪调节与移情能力。结果表明，儿童的情绪调节在依恋与移情能力中起着中介作用，表现为越具有依恋安全性的儿童越具备更好的情绪调节技能，从而导致他们更高的移情能力。

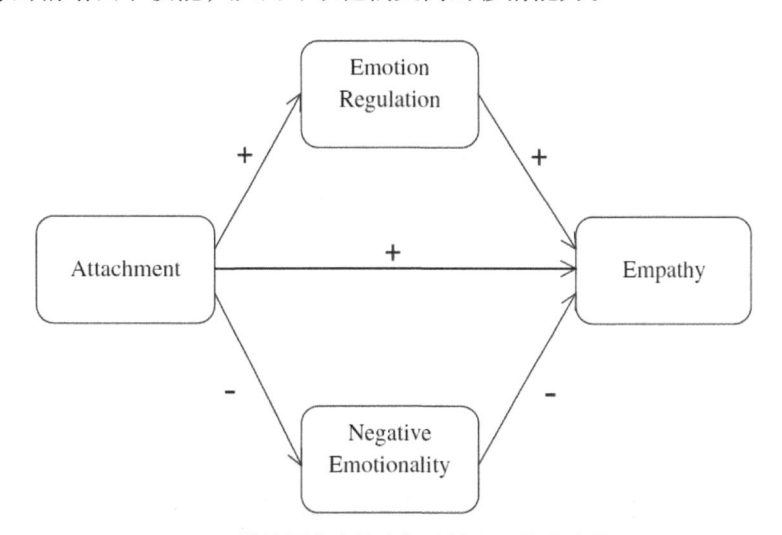

图1-2 情绪调节在依恋与移情之间的中介作用

注：引自Panfile和Liable[40]。

二、儿童期和学龄期

Kerns等人[72]考察了母亲与孩子的依恋与儿童中期情绪调节能力的联系。该研究采用多种方法测量9—11岁儿童对母亲的依恋，包含自我报告问卷法、故事访谈法，以及母亲愿意为婴儿提供安全型依恋的意愿程度。儿童的情绪调节则由母亲填写儿童的应对策略量表进行测量[97]。结果表明，不同测量方法所获得的儿童依恋均与他们的情绪调节能力呈正相关。此外，回归分析表明，控制了儿童的负性情绪性之后，他们与母亲之间的依恋仍然显著预测他们的情绪调节能力。本研究通过多重方法对亲子依恋进行测量，研究结果说明亲子依恋与儿童情绪调节具有稳健显著的关联。

Waters等人的研究[98]考察了儿童的依恋安全性对他们情绪调节发展的影响机制。该研究以73名四岁半的儿童与他们的母亲为被试，通过观察和访谈法测量母亲与孩子关于消极情绪的谈话中儿童表现出的消极退缩性、儿童的情绪理解能力以及母亲对儿童情绪的认可程度，儿童的依恋安全性由母亲采用依恋Q分类法进行测量。结果表明，儿童对消极情绪的理解能力负向预测儿童在亲子谈话中表现出的消极退缩。此外，控制了儿童的情绪理解能力之后，儿童的依恋安全性对其消极退缩也具有显著的负向预测作用。同时，儿童的依恋安全性和母亲的认可度会产生交互作用，共同影响儿童的消极退缩。

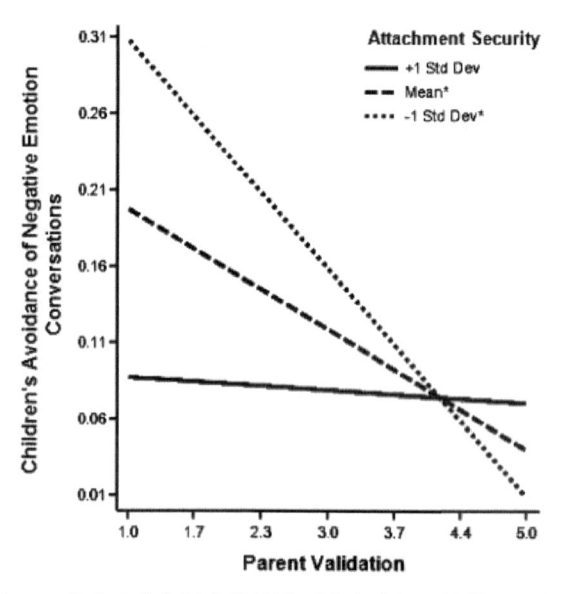

图1-3 依恋安全与母亲认可度对儿童消极退缩的交互作用

注：引自Waters等人[98]。

Borelli等人[99]认为，压力情境中调节自己的情绪是依恋行为系统的一个重要功能。由于依恋与情绪调节的联系在儿童中期尚未得到充分探讨，因此Borelli等人试图探讨二者的关联机制。该研究采用儿童自我报告与母亲报告法测量儿童的情绪体验和情绪调节。此外，采用恐惧惊吓反应图式测量儿童在受到威胁情境中的肌肉反应。儿童的依恋安全水平通过依恋访谈法进行测量。此外，在恐惧惊吓实验与依恋访谈的前和后，分别测量儿童的唾液皮质醇水平。结果表明，依恋安全水平越高的儿童所报告的特质与状态积极情绪水平越高，依恋访谈之前的唾液皮质醇水平越低，受到威胁刺激的初始惊吓反应水平越高，随后的惊吓反应则具有较明显的下降。该研究揭示了儿童的依恋安全水平对他们的状态和特质情绪调节，以及当他们身处威胁情境时的神经内分泌反应均具有显著的预测作用，通过对情绪调节进行多角度的测量，全面阐述了依恋安全性与儿童情绪调节的关联机制。

三、青少年期

依恋理论的主要观点是早期的亲子依恋使得儿童形成稳定的依恋人际表征，这种人际表征是决定儿童后来人际互动与人际关系的重要因素。基于该理论观点，Becker等人[100]试图考察青少年的依恋表征如何影响他们与母亲互动中非言语性的情绪表达。他们认为，拥有安全型依恋表征的青少年更倾向于使用积极与开放性的情绪表达，忽视型依恋表征的青少年则更少地表现出非言语性情绪表达。另外，矛盾型依恋表征的青少年可能表现出更多的消极情绪表达。该研究对43名16岁青少年采用成人依恋访谈法对青少年进行访谈并测量他们的依恋表征类型。另外，采用亲子谈话法，观察青少年与母亲在分歧性话题的讨论过程中，青少年的非言语性情绪表达。研究发现，安全型依恋的儿童在与母亲互动中表现出更多开放性和积极性的情绪表达，而忽视型依恋的青少年则更多表现出不利于沟通的行为。这些研究发现支持了依恋理论的观点在青少年人群中的适用性。

同样在依恋理论的引导下，Hershenberg等人[87]认为，在不同情境中对情绪体验做出灵活调整并表现出恰当的情绪表达能力是有效情绪调节的重要体现。因此，他们的研究旨在考察青少年的依恋安全感是否能够预测他们的情绪表达行为，尤其在人际关系需要得以维系并增强的场合中。研究被试为74名女性青少年与母亲的家庭组合。首先，青少年和母亲被带到实验室中，要求她们共同参与一个2分钟的互动任务，要求她们在2分钟内来谈一谈最喜欢对方的哪些地方。整个互动过程会被录像，并且由观察者通过五点量表，对谈话中母亲与女儿对于她们的关系感到积极性、温暖、羞愧、敌意、情绪失调的程度分别进行计分。青少年与母亲的依恋以及青少年与母亲关系中的压力水平分别通过访谈法进行测量。结果则表明，在控制了母亲在互动中的行为表现以及母女关系中压力性水平时，青少年的依恋安全性能够预测她们与母亲建立亲密性互动中更多的积极情绪与更少的消极情绪表达，具体表现为更多的积极情绪、更多的言语和表情一致性和更少的羞愧和情绪失调。

父母养育与儿童的情绪调节

　　Zimmermann等人[26]采用从婴儿期到青少年期的纵向追踪研究设计，考察了青少年在与朋友共同完成的问题解决任务中所表现出的情绪调节。青少年当前的依恋表征通过成人依恋访谈法进行测量，他们在婴儿时期与父亲、母亲之间的亲子依恋则通过陌生情境法进行测量。此外，青少年与他们的朋友共同参与一项有挑战性的问题解决任务，并且整个参与过程会被录像，从而使得青少年的情绪表达、合作或非合作行为，以及妨碍扰乱行为都将通过视频得以观察测量。任务结束之后，每个参与者会对他们在任务中的情绪体验进行自我评定。结果表明，非安全型依恋表征的青少年比安全型依恋表征的青少年在任务中对他们的朋友表现出更多的妨碍扰乱行为，并且他们表现出妨碍行为的多少取决于他们在任务中所经历的情绪类型与强度，如图1-4（a）所示。同样，婴儿时期与父亲之间表现出非安全型依恋的青少年在任务中也对他们的朋友表现出更多的妨碍扰乱行为，如图1-4（b）所示。

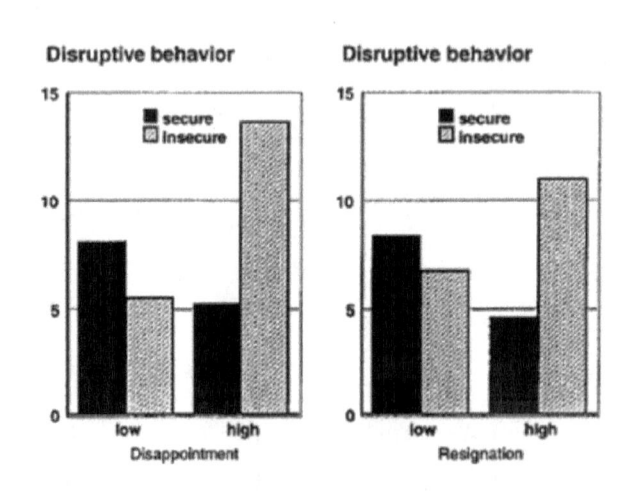

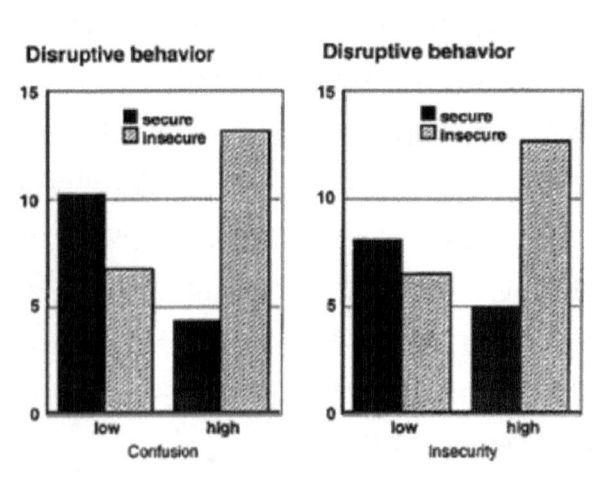

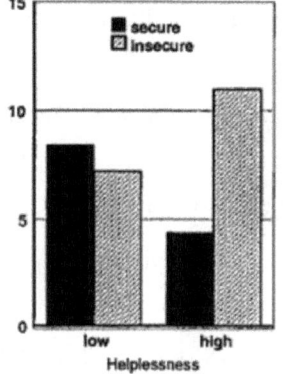

图1-4（a） 不同情绪评估程度时安全型和非安全型依恋表征的青少年的扰乱行为

注：情绪评估程度高时，两种依恋表征类型的青少年表现出的扰乱行为具有显著差异。
引自Zimmermann等人[26]。

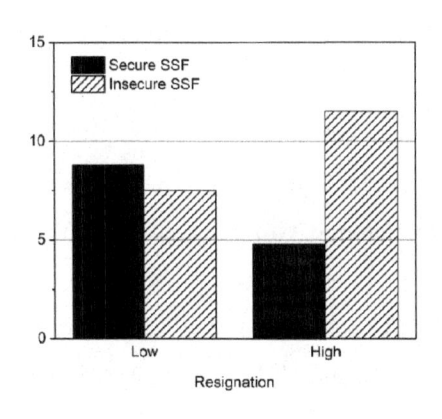

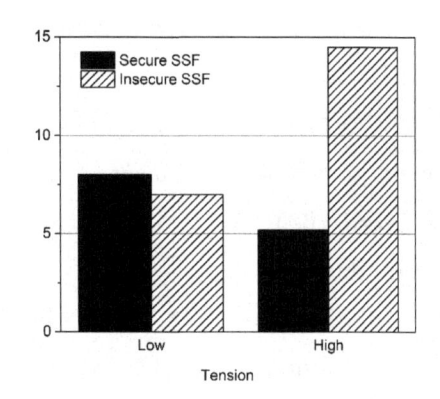

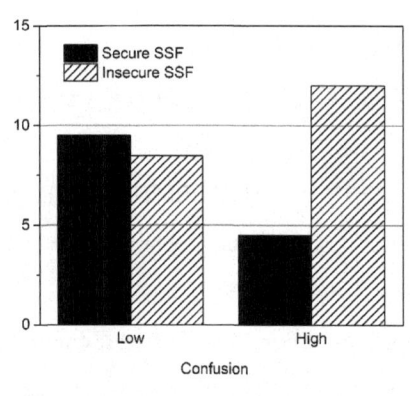

图1-4（b） 不同情绪评估程度时父亲–孩子安全型和非安全型依恋表征青少年的扰乱行为

注：情绪评估程度高时，两种依恋类型的青少年表现出的扰乱行为具有显著差异。
引自Zimmermann等人[26]。

参考文献：

[1] BOWLBY J. Attachment and loss: Volume 1 Attachment[M]. New York: Basic Books, 1969.

[2] BOWLBY J. Attachment and loss: Volume 2 Separation: Anxiety and anger[M]. New York, NY: Basic Books, 1973.

[3] BRUMARIU L E, KERNS K A. Parent-child attachment and internalizing symptoms in childhood and adolescence: A review of empirical findings and future directions[J]. Development and Psychopathology, 2010, 22(1): 177-203.

[4] FEARON R P, BAKERMANS-KRANENBURG M J, VAN IJZENDOORN M H, et al. The significance of insecure attachment and disorganization in the development of children's externalizing behavior: A meta-analytic study[J]. Child Development, 2010, 81(2): 435-456.

[5] PALLINI S, BAIOCCO R, SCHNEIDER B H, et al. Early child-parent attachment and peer relations: A meta-analysis of recent research[J]. Journal of Family Psychology, 2014, 28(1): 118-123.

[6] CONTRERAS J M, KERNS K A. Emotion regulation processes: Explaining links between parent-child attachment and peer relationships[M] // KERNS K A, CONTRERAS J M, NEAL-BARNETT A M. Family and peers: Linking two social worlds. Westport: Praeger, 2000: 1-25.

[7] BRUMARIU L E, KERNS K A, SEIBERT A C. Mother-child attachment, emotion regulation, and anxiety symptoms in middle childhood[J]. Personal Relationships, 2012, 19(3): 569-585.

[8] MULLIN B C, HINSHAW. P. Emotion regulation and externalizing disorders in children and adolescents[M]//GROSS J J. Handbook of emotion regulation. New York: Guilford Press, 2007: 523-541.

[9] COPPOLA G, PONZETTI S, AURELI T, et al. Patterns of emotion regulation at two years of age: associations with mothers' attachment in a fear eliciting situation[J]. Attachment and Human Development, 2016, 18(1): 16-32.

[10] KIM H, PAGE T. Emotional bonds with parents, emotion regulation, and school-related behavior problems among elementary school truants[J]. Journal of Child and Family Studies, 2013, 22(6): 869-878.

[11] KULLIK A, PETERMANN, F. Attachment to parents and peers as a risk factor for

adolescent depressive disorders: The mediating role of emotion regulation[J]. Child Psychiatry and Human Development, 2013, 44(4): 537-548.

[12]MURPHY T P, LAIBLE D J, AUGUSTINE M, et al. Attachment's links with adolescents' social emotions: The roles of negative emotionality and emotion regulation[J]. The journal of Genetic Psychology, 2015, 176(5): 315-329.

[13]?TEFAN C A, AVRAM J. Investigating direct and indirect effects of attachment on internalizing and externalizing problems through emotion regulation in a cross-sectional study [J]. Journal of Child and Family Studies, 2017, 26(8): 2311-2323.

[14]AINSWORTH, M. D. S. Infant-mother attachment[J]. American Psychologist, 1979, 34(10): 932-937.

[15]CARLSON E, SROUFE L A. The contribution of attachment theory to developmental psychopathology[M]//CICCHETTI D, COHEN D. Developmental processes and psychopathology: Volume 1. New York: Cambridge University Press, 1995: 581-617.

[16]KOBAK R, CASSIDY J, LYONS-RUTH K, et al. Attachment, stress and psychopathology: A developmental pathways model[M]// CICCHETTI D, COHEN D. Handbook of developmental psychopathology: Volume 1. New York: Cambridge University Press, 2006: 333-369.

[17]ALLEN J P, MIGA E M. Attachment in adolescence: A move to the level of emotion regulation[J]. Journal of Social and Personal Relationships, 2010, 27(2): 181-190.

[18]CASSIDY J. Emotion regulation: Influences of attachment relationships[J]. Monographs of the Society for Research in Child Development, 1994, 59(2-3): 228-249.

[19]COMPAS B E, WORSHAM N L, EY S. Conceptual and developmental issues in children's coping with stress[M]//LA GRECA A, SIEGEL L, WALLANDER J, et al. Advances in pediatric psychology: Stress and coping with pediatric conditions. New York: Guilford, 1991.

[20]EIN-DOR T, MIKULINCER M, SHAVER P R. Attachment insecurities and the processing of threat-related information: Studying the schemas involved in insecure people's coping strategies[J]. Journal of Personality and Social Psychology, 2011, 101(1): 78-93.

[21]MIKULINCER M, FLORIAN V. Attachment style and affect regulation: Implications for coping with stress and mental health[M]// FLETCHER G J O, CLARK M S. Blackwell handbook of social psychology: Interpersonal processes. New York: Blackwell, 2003: 537-557.

[22]SHAVER P R, MIKULINCER M. Attachment-related psychodynamics[J]. Attachment and Human Development, 2002, 4(2), 133-161.

[23]ZEMAN J, CASSANO M, PERRY-PARRISH C, et al. Emotion regulation in children and adolescents[J]. Journal of Developmental and Behavioral Pediatrics, 2006, 27(2): 155-168.

[24]ZIMMER-GEMBECK M J, SKINNER E A. Review: The development of coping across childhood and adolescence: An integrative review and critique of research[J]. International Journal of Behavioral Development, 2011, 35(1): 1-17.

[25]WATERS E, CUMMINGS E M. A secure base from which to explore close relationships[J]. Child Development, 2000, 71(1): 164-172.

[26]ZIMMERMANN P, MAIER M, WINTER M, et al. Attachment and adolescents' emotion regulation during a joint problem-solving task with a friend[J]. International Journal of Behavioral Development, 2001, 25(4): 331-343.

[27]DENHAM S A, BASSETT H H, WYAT T M. Gender differences in the socialization of preschoolers' emotional competence[J]. New Directions for Child and Adolescent Development, 2010, 128: 29-49.

[28]CHEN F, LIN H, LI C. The role of emotion in parent-child relationships: Children's emotionality, maternal meta-emotion, and children's attachment security[J]. Journal of Child and Family Studies, 2012, 21(3): 403-410.

[29]SCOTT S, RISKMAN J, WOOLGAR M, et al. Attachment in adolescence: Overlap with parenting and unique prediction of behavioral adjustment[J]. Journal of Child Psychiatry and Psychology, 2011, 52(10): 1052-1062.

[30]THOMPSON R A, MEYER S. Socialization of emotion regulation in the family[M] // GROSS J J. Handbook of emotion regulation. New York: Guilford Press, 2007: 249-268.

[31]SIMPSON J A, BELSKY J. Attachment theory within a modern evolutionary framework[M]//CASSIDY J, SHAVER P. Handbook of attachment. New York: Guilford Press, 2008: 131-157.

[32]LYONS-RUTH K, JACOBVITZ D. Attachment disorganization: Genetic factors, parenting contexts, and developmental transformation from infancy to adulthood[M] // Cassidy J, Shaver P. Handbook of attachment. New York: Guilford Press, 2008: 666-697.

[33]MADIGAN S, BAKERMANS-KRANENBURG M J, VAN IJZENDOORN M H, et al. Unresolved states of mind, anomalous parental behavior, and disorganized attachment:

A review and meta-analysis of a transmission gap[J]. Attachment & Human Development, 2006, 8(2): 89-111.

[34]WEINFIELD N S, SROUFE L A, EGELAND B, et al. The nature of individual differences in infant-caregiver attachment[M]//Cassidy J, Shaver P. Handbook of attachment: Theory, research, and clinical application. New York: Guilford Press, 1999: 68-88.

[35]FOGEL A. Developing through relationships[M]. Chicago: University of Chicago Press, 1993.

[36]DIAMOND L M, ASPINWALL L G. Emotion regulation across the life span: An integrative perspective emphasizing self-regulation, positive affect, and dyadic processes[J]. Motivation and Emotions, 2003, 27(2), 125-156.

[37]LEWIS M, RAMSAY D. Environments and stress reduction[M]//Lewis M, Ramsay D. Soothing and stress. Mahwah: Erlbaum, 1999: 171-192.

[38]SROUFE L A. Emotional development: The organization of emotional life in the early years[M]. New York: Cambridge University Press, 1996.

[39]NACHMIAS M, GUNNAR M, MANGELSDORF S, et al. Behavioral inhibition and stress reactivity: The moderating role of attachment security[J]. Child Development, 67(2): 508-522.

[40]PANFILE T M, LIABLE D J. Attachment security and child's empathy: The mediating role of emotion regulation[J]. Merrill-Palmer Quarterly, 2012, 58(1): 1-21.

[41]SIEGEL D J. Toward an interpersonal neurobiology of the developing mind: Attachment relationships, "mindsight", and neural integration[J]. Infant Mental Health Journal, 22(1-2): 67-94.

[42]BOWLBY J. A secure base: Parent-child attachment and healthy human development [M]. New York: Basic Books, 1988.

[43]SAARNI C. The development of emotional competence[M]. New York: Guilford Press, 1999.

[44]MIKULINCER M, SHAVER P R, PEREG D. Attachment theory and affect regulation: The dynamics, development, and cognitive consequences of attachment-related strategies[J]. Motivation and Emotion, 2003, 27(2): 77-102.

[45]WEI M, VOGEL D L, KU T, et al. Adult attachment, affect regulation, negative mood, and interpersonal problems: The mediating roles of emotional reactivity and emotional cutoff [J]. Journal of Counseling Psychology, 2005, 52(1): 14-24.

[46]DEOLIVEIRA C A, BAILEY H N, MORAN G, et al. Emotion socialization as a framework for understanding the development of disorganized attachment[J]. Social Development, 2004, 13(3), 437-467.

[47]MIKULINCER M, SHAVER P R. Attachment patterns in adulthood: Structure, dynamics, and change [M]. New York: Guilford Press, 2007.

[48]ROQUE L, VERISSIMO M, FERNANDES M, et al. Emotion regulation and attachment: Relationships with children's secure base during different situational and social contexts in naturalistic settings[J]. Infant Behavior and Development, 2013, 36(3), 298-306.

[49]GAYLORD-HARDEN N K, TAYLOR J T, CAMPBELL C L, et al. Maternal attachment and depressive symptoms in urban adolescents: The influence of coping strategies and gender[J]. Journal of Clinical Child & Adolescent Psychology, 2009, 38(5), 684-695.

[50]HOLMBERG D, LOMORE C D, TAKACS T A, et al. Adult attachment styles and stressor severity as moderators of the coping sequence[J]. Personal Relationships, 2010, 18(3), 502-517.

[51]WEI M, HEPPNER P P, MALLINCKRODT B. Perceived coping as a mediator between attachment and psychological distress: A structural equation modeling approach[J]. Journal of Counseling Psychology, 2003, 50(4), 438-447.

[52]WATERS E, CROWELL J A, ELLIOTT M, et al. Bowlby's secure base theory and the social/personality psychology of attachment styles: Work(s) in progress[J]. Attachment and Human Development, 2002, 4(2): 230-242.

[53]BERNIER A, DOZIER M. The client-counselor match and the corrective emotional experience: Evidence from interpersonal and attachment research[J]. Psychotherapy: Theory/Research/Practice/Training, 2002, 39(1): 32-43.

[54]SOLOMON J, GEORGE C. The development of attachment in separated and divorced families: Effects of overnight visitation, parent and couple variables[J]. Attachment and Human Development, 1999, 1(1): 2-33.

[55]WILSON J M, WILKINSON R B. The self-report assessment of adolescent attachment relationships: A systematic review and critique[J]. Journal of Relationships Research, 2012, 3: 81-94.

[56]JACOBVITZ D, CURRAN M, MOLLER N. Measurement of adult attachment: The place of self-report and interview methodology[J]. Attachment and Human Development, 2002, 4(2), 207-215.

[57] ROISMAN G I, HOLLAND A, FORTUNA K, et al. The Adult Attachment Interview and self-reports of attachment style: An empirical rapprochement[J]. Journal of Personality and Social Psychology, 2007, 92(4): 678-697.

[58] BARTHOLOMEW K, SHAVER P R. Methods of assessing adult attachment do they converge?[M]//Simpson J A, Rholes W S. Attachment theory and close relationships. New York: Guilford Press, 1998: 25-45.

[59] ZIMMER-GEMBECK M J, WEBB H J, PEPPING C A, et al. Review: Is parent-child attachment a correlate of children's emotion regulation and coping?[J]. International Journal of Behavioral Development, 2017, 41(1): 74-93.

[60] AINSWORTH M D S, BLEHAR M C, WATERS E, et al. Patterns of attachment: A psychological study of the strange situation[M]. New York: Psychology Press, 2015.

[61] CRUGNOLA C R, TAMBELLI R, SPINELLI M, et al. Attachment patterns and emotion regulation strategies in the second year[J]. Infant Behavior and Development, 2011, 34(1): 136-151.

[62] BOSQUET M, EGELAND B. The development and maintenance of anxiety symptoms from infancy through adolescence in a longitudinal sample[J]. Development and Psychopathology, 2006, 18(2): 517-550.

[63] WATERS E, DEANE K. Defining and assessing individual differences in attachment relationships: Q-methodology and the organization of behavior in infancy and early childhood[J]. Monographs of the Society for Research in Child Development, 1985, 50(1-2), 41-65.

[64] TETI D, MCGOURTY S. Using mothers vs. trained observers in assessing children's secure base behavior: Theoretical and methodological considerations[J]. Child Development, 1996, 67(2): 597-605.

[65] VAUGHN B E, WATERS E. Attachment behavior at home and in the laboratory: Q-sort observations and strange situation classifications of one-year-olds[J]. Child Development, 1990, 61(6): 1965-1973.

[66] VAN IJZENDOORN M H, VEREIJKEN C M J L, BAKERMANS-KRANENBURG M J, et al. Assessing attachment security with the attachment Q sort: Meta-analytic evidence for the validity of the observer AQS[J]. Child Development, 2004, 75(4): 1188-1213.

[67] LAIBLE D, PANFILE T, MAKARIEV D. The quality and frequency of mother-child conflict: Links with attachment and temperament[J]. Child Development, 2008, 79(2):

426−443.

[68]LAIBLE D J, THOMPSON R A. Attachment and emotional understanding in preschool children[J]. Developmental Psychology, 1998, 34(5): 1038−1045.

[69]KERNS K A. Attachment in middle childhood[M]//Cassidy J, Shaver P. Handbook of attachment. New York: Guilford, 2008: 366−382.

[70]MAIN M. Epilogue. Attachment theory: Eighteen points with suggestions for future studies[M]// Cassidy J, Shaver P R. Handbook of attachment. New York: Guilford, 1999: 845−887.

[71]GRANOT D, MAYSELESS O. Attachment security and adjustment to school in middle childhood[J]. International Journal of Behavioral Development, 2001, 25(6): 530−541.

[72]KERNS K A, ABRAHAM A A, SCHLEGELMILCH A, et al. Mother−child attachment in later middle childhood: Assessment approaches and associations with mood and emotion regulation[J]. Attachment and Human Development, 2007, 9(1): 33−53.

[73]KERNS K A, TOMICH P L, ASPELMEIER J E, et al. Attachment−based assessments of parent−child relationships in middle childhood[J]. Developmental Psychology, 2000, 36(5): 614−626.

[74]KERNS K A, BRUMARIU L E, SEIBERT A. Multi−method assessment of mother−child attachment: Links to parenting and child depressive symptoms in middle childhood[J]. Attachment and Human Development, 2011, 13(4): 315−333.

[75]GRANOT D, MAYSELESS O. Attachment security and adjustment to school in middle childhood[J]. International Journal of Behavioral Development, 2001, 25(6): 530−541.

[76]ACKERMAN J P, DOZIER M. The influence of foster parent investment on children's representations of self and attachment figures[J]. Applied Developmental Psychology, 2005, 26(5): 507−520.

[77]CASSIDY J. Child−mother attachment and the self in six−year−olds[J]. Child Development, 1988, 59(1): 121−134.

[78]VERSCHUEREN K, MARCOEN A, SCHOEFS V. The internal working model of the self, attachment, and competence in five−year−olds[J]. Child Development, 1996, 67(5): 2493−2511.

[79]HANSBURG H G. Adolescent separation anxiety: A method for the study of adolescent separation problems[M]. Springfield: Thomas Nelson, 1972.

[80]KLAGSBRUN M, BOWLBY J. Responses to separation from parents: A clinical test

for young children[J]. British Journal of Projective Psychology and Personality Study, 1976, 21(2): 7-27.

[81] KAPLAN N. Procedures for the administration of the Hansburg Separation Anxiety Test for younger children adapted from Klagsbrun and Bowlby[R]. University of California, 1985.

[82] KERNS K A, KLEPAC L, COLE A. Peer relationships and preadolescents' perceptions of security in the child-mother relationship[J]. Developmental Psychology, 1996, 32(3): 457-466.

[83] KERNS K A, ASPELMEIER J E, GENTZLER A L, et al. Parent-child attachment and monitoring in middle childhood[J]. Journal of Family Psychology, 2001, 15(1): 69-81.

[84] HARTER S. The perceived competence scale for children[J]. Child Development, 1982, 53(1): 87-97.

[85] GEORGE C, KAPLAN N, MAIN M. Adult attachment interview[R]. Los Angeles: University of California, 1996.

[86] MAIN M, GOLDWYN R. Adult attachment rating and classification systems[R]. Los Angeles: University of California, 1998.

[87] HERSHENBERG R, DAVILA J, YONEDA A, et al. What I like about you: The association between adolescent attachment security and emotional behavior in a relationship promoting context[J]. Journal of Adolescence, 2011, 34(5): 1017-1024.

[88] BARTHOLOMEW K. The family and peer attachment interview[R]. Vancouver: Simon Fraser University, 1998.

[89] BARTHOLOMEW K, HOROWITZ L. Attachment styles among young adults: a test of a four-category model[J]. Journal of Personality and Social Psychology, 1991, 61(2): 226-244.

[90] 孙育智，叶玉珠. 青少年依恋品质、情绪智力与适应之关系[D]. 台湾：台湾国立中山大学，2004.

[91] ARMSDEN G C, GREENBERG M T. The Inventory of Parent and Peer Attachment: Individual differences and their relationship to psychological well-being in adolescence[J]. Journal of Youth and Adolescence, 1987, 16(5): 427-454.

[92] 吴庆兴，王美芳. 亲子依恋、同伴依恋与青少年焦虑症状的关系[J]. 中国临床心理学杂志，2014, 22(4): 684-687.

[93] 侯芬，伍新春，邹盛奇，等. 父母教养投入对青少年亲社会行为的影响：亲子依恋的中介作用[J]. 心理发展与教育，2018, 32(4): 417-425.

[94]金灿灿,邹泓,曾荣,等.中学生亲子依恋的特定及其对社会适应的影响:父母亲密的调节作用[J].心理发展与教育,2010,24(6): 577-583.

[95]王英芊,邹泓,侯珂,等.亲子依恋、同伴依恋与青少年消极情感的关系:有调节的中介模型[J].心理发展与教育,2016,32(2): 226-235.

[96]王树青,张光珍,陈会昌.大学生亲子依恋、分离-个体化与自我同一性状态之间的关系[J].心理发展与教育,2014,28(2): 145-152.

[97]EISENBERG N, FABES R A, Murphy B C. Parents' reactions to children's negative emotions: Relations to children's social competence and comforting behavior[J]. Child Development, 67 (5): 2227-2247.

[98]WATERS S F, VIRMANI E A, THOMPSON R A, et al. Emotion regulation and attachment: Unpacking two constructs and their association[J]. Journal of Psychopathology and Behavioral Assessment, 2010, 32(1): 37-47.

[99]BORELLI J L, CROWLEY M J, DAVID D H, et al. Attachment and emotion in school-aged children[J]. Emotion, 2010, 10(4): 475-485.

[100]BECKER-STOLL F, DELIUS A, SCHEITENBERGER S. Adolescent' nonverbal emotional expressions during negotiation of a disagreement with their mothers: An attachment approach[J]. International Journal of Behavioral Development, 2001, 25(4): 344-353.

第二章

父母教养与儿童情绪调节

Kopp认为，儿童的早期照料是影响他们自我调节能力发展的重要机制[1]。与此一致的是，依恋的研究者们也一致认为照料者是最初对婴儿的节律和情感进行外部调节的作用者，在这种外部调节的作用下，逐渐培养起儿童不断发展的自我调控能力[2-4]。这一观点已受到多数实证研究的支持，许多研究都不约而同地发现早期的照料质量与儿童心理与生理调节之间的显著联系[5]。这一证据说明父母教养必定是儿童自我调节功能发展的关键影响因素。然而，父母教养并非只是单一的概念体系，许多有关人和动物的实证研究表明，多样化的教养模式对儿童发展具有显著不同的作用与贡献[6-8]。

许多父母教养行为，如父母应答性、敏感性等，均包含父母与孩子的情感成分。当父母根据孩子的模式表现出与之对应的行为时，当父母对孩子表现出温暖接纳，这些都能营造出让孩子感到舒适轻松的情感互动氛围，从而能够加强孩子的内化过程与自我调节[9-10]。反过来看，当孩子表现出较好的情绪调节行为时，家长也会因此而产生积极情感，并会在孩子面前流露出来[9,11]。因此，母亲的情绪可获得性与儿童的情绪功能具有重要联系，至少它会决定母亲与孩子之间的情绪互动[12]。

第一节 父母教养行为

一、父母应答性

父母的应答性主要体现为对孩子的温暖与接纳以及对孩子需求的及时关注,通常伴有父母的积极情绪表达[13]。低水平的父母应答性可能会抑制孩子与父母进行沟通并因此降低亲子冲突,也可能会让孩子为了获取关注而过分夸大自己的行为症状[14]。总体而言,应答性不够的父母不太能感知到孩子的需求与问题[15]。相反,具有高应答性的父母能够对孩子的问题表现出温暖与接纳,从而使孩子对自己产生信任与依赖,因此更能促进孩子的自我表露以及父母对他们的关怀与感知[16-17]。较多研究一致发现父母应答性与儿童自我调节之间具有正向的联系[18-21]。

Watson等人[22]对180名曾患有抑郁的父亲或母亲的教养行为进行半年的干预,同时对儿童的应对策略使用进行为期18个月的追踪,以考察干预组家庭与非干预组家庭相比,干预组家庭在接受干预前后父母的温暖应答是否相比非干预组有了显著增长,以及这种在父母温暖应答的显著增长是否会导致干预组儿童的应对策略使用也出现显著增加。换句话说,该研究旨在考察父母的温暖应答是否在施加干预与儿童的应对策略使用之间起着中介作用,如图2-1所示。

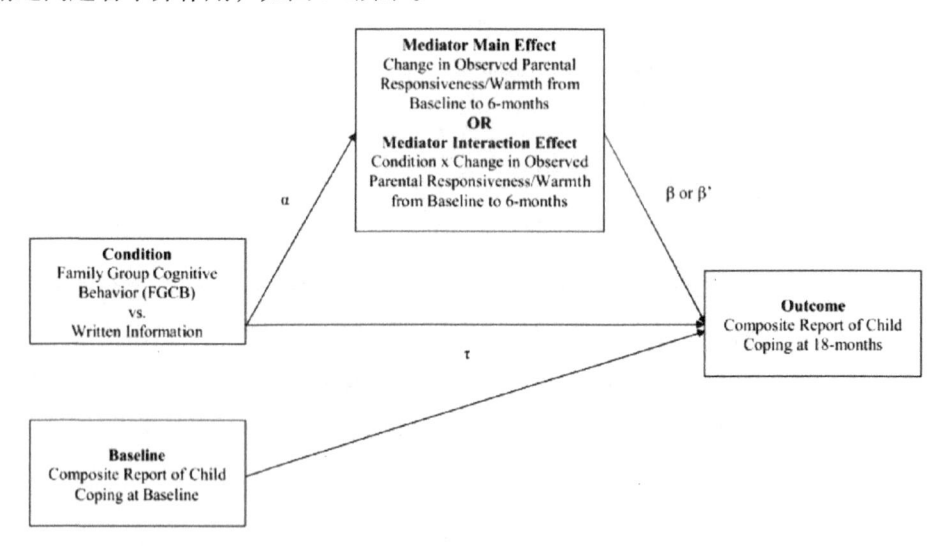

图2-1 父母温暖应对在干预组别与儿童应对技能之间的中介作用

注:引自Watson等人[22]。

180名家长被随机分配到干预组和非干预组。研究者在干预前和6个月后（干预结束之后）分别观察并测量亲子互动中父母的温暖应答，并在干预前以及18个月后分别采用问卷报告法（家长与儿童共同报告）测量儿童的应对策略使用。结果表明，与非干预组相比，干预组家长的温暖应答的确在干预后比干预前表现出更明显的增长，并且这种温暖应答的显著增长进一步导致干预组儿童18个月之后的应对策略使用也比非干预组儿童具有更显著的增加，从而支持了这一中介假设模型。

Haverfield和Theiss[23]同样采用观察法，在父母与青少年在谈论过去经历的愉快和不愉快事件过程中观察与评估父母的应答和控制行为，以及青少年的情绪调节和冲动行为。结果发现，在控制了青少年的性别、年龄以及父母的社会关系地位等因素之后，父母的应答行为显著预测青少年在谈论愉快和不愉快经历中的情绪调节。此外，父母应答行为与青少年情绪调节的关系强度还会受到父母酒精使用的调节，具体表现为当父母具有相同水平的应答行为时，父母无酒精使用家庭中青少年的情绪调节水平显著高于父母酒精使用家庭中的青少年，调节效应如图2-2（a）所示。

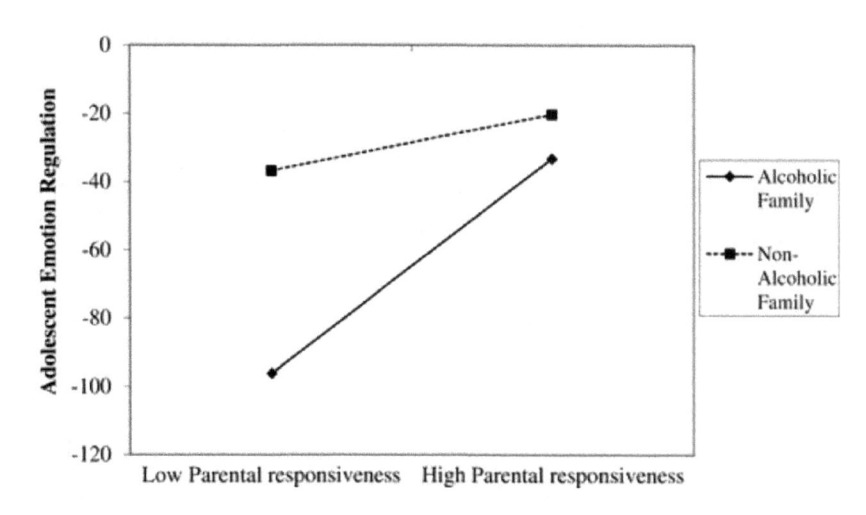

图2-2（a） 父母应答与酒精使用对青少年情绪调节的交互预测作用

注：引自Haverfield和Theiss[23]。

此外，尽管父母应答行为对青少年在谈论愉快或不愉快情绪时所表现出的冲动行为并无显著的预测作用，然而，父母应答行为与父母的酒精使用却会产生交互作用，共同预测青少年的冲动行为。具体而言，无酒精使用的家庭中，父母的应答行为越多，青少年的冲动行为越少；相反，酒精使用的家庭中，父母的应答行为越多，青少年的冲动行为也越多，如图2-2（b）所示。

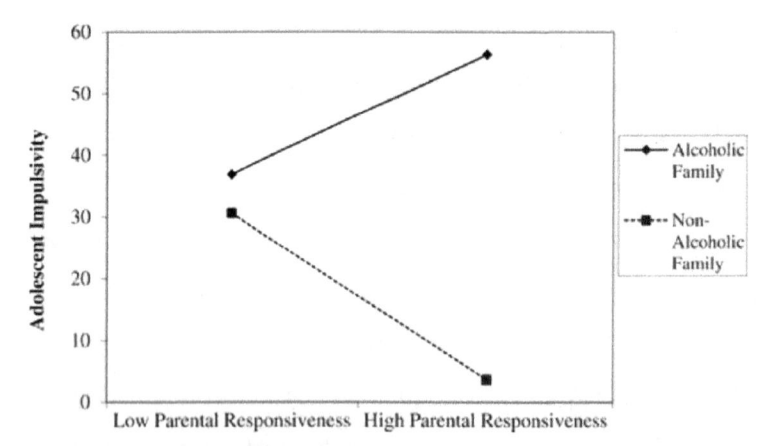

图2-2（b） 父母应答与酒精使用对青少年冲动行为的交互预测作用

注：引自Haverfield和Theiss[23]。

最近一项研究发现[24]，母亲的应答性会作用于儿童的自我调节，并进一步与儿童的注意缺陷多动症状产生联系，如图2-3所示。该研究对4岁儿童进行一年的追踪，在儿童4岁时，研究者对他们与母亲共同参与的拼图任务进行观察，从中编码母亲的应答性/敏感性（关注儿童的行为、准确理解儿童的行为意图、尊重儿童的意图并做出恰当反应等表现），同时分别在儿童4岁和5岁时通过执行任务测量他们的自我控制能力以及注意缺陷多动症状。中介效应检验表明，母亲的反应性会促进儿童的自我控制（a = 0.09, $p < 0.002$），同时自我控制会减少他们的多动症状（b = −0.51, $p < 0.003$），自我控制在母亲反应性与儿童注意缺陷多动症状之间的中介效应显著。

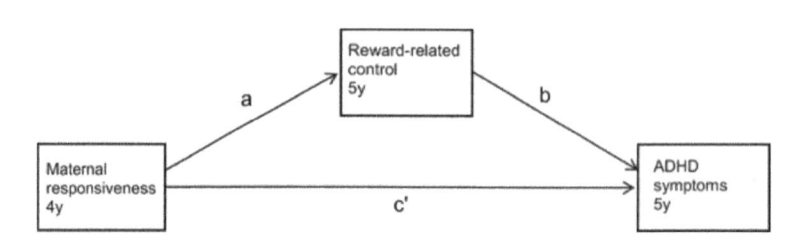

图2-3 儿童自我控制在母亲应答性与注意缺陷多动症状之间的中介效应

注：引自Pauli-Pott等人[24]。

二、父母敏感性

反应性的父母教养行为包含许多方面，并且这些方面彼此略有不同。自主支持、支架性教学，将心比心，敏感性是较常见的几种教养行为[24-26]。尽管这几种教养行为分别侧重于问题解决、情绪调节、沟通等不同的方面，它们的共同之处在于反映的均是父母会关注孩子的需求以及日常行程，并给予恰当及时的反馈[27]。此外，这些不同方面的教养行为彼此之间也存在联系。例如，父母敏感性与支架性教导之间存在联系[25]，父母敏感性与语言输入也存在联系[28]，以及父母敏感性与认知刺激加工也存在着联系[26]。

Carlson[29]提出三个维度的父母教养：母亲敏感性、支架性教导、将心比心，并认为这三个维度的教养模式对儿童自我调节和执行功能的发展具有重要影响。敏感性是指对婴儿发出的信号予以恰当并与之相符的回应，能够为婴儿提供成功应对社会环境的经验与技能；支架性教导能够为孩子提供与他们实际年龄相符的问题解决策略，同时能让他们积累和学习解决问题的成功经验；将心比心通常指父母在与孩子交谈时总爱提及内心想法或感受，能够通过语言表达来推动孩子从外部调节转变为自我调节。因此，按照Harrist和Waugh的观点[30]，这三种教养行为实际上反映出照料者作为外部调节者的行为表现，以此来帮助孩子逐渐脱离照料者，从而转变为自我主动调节。然而，每种行为都有它们独有的特点，从而对孩子的自我克制发挥不同的作用。敏感性和支架性均反映的是母亲的所作所为，而将心比心通常指母亲对孩子内心活动的谈论，并且敏感性和支架性可运用于不同的情境中，无论是面对孩子正在经历负性情绪时，或者是引导他们探讨环境等。

父母敏感性体现了父母根据孩子的需求表现出与之协调对应、温暖支持的和同步一致的行为[9,31-32]。研究表明，在婴儿出生后的第一年内，父母的敏感性是与婴儿的发展联系最紧密的应答性教养行为，它决定了父母能否对儿童的兴趣点、关注点和需求等方面给以迅速并敏锐的应答[26]。此外，大量研究表明，当母亲患有临床抑郁症时，儿童的情绪调节往往表现出发展缺陷[33-35]。实际上，二者之间的联系从概念上看便十分显而易见。儿童进行情绪调节的能力只有在与照料者的互动过程中才能得以发展，这个过程既包含婴儿学习进行自我调节的能力，又包含照料者能够认识到婴儿发展调节功能的需求并给以回应[36-38]。而当母亲患有抑郁时，母亲对婴儿这些需求的敏感程度则会大打折扣[39-41]。患有抑郁的母亲由于在亲子互动中无法表现出温暖支持、敏锐觉察和积极的情绪表达，从而具有情绪不可获得性。此外，这一类母亲也基本不太可能为子女提供支架性教导。然而，孩子的个性差异又会为家长带来不同的挑战。例如，儿童在生理、认知和气质特征上的差异均会影响他们的调节能力发展，并在他们遇到挑战性情境时表现出不同程度的求助需求[37]。除了母亲的温暖和回应行为，母亲能否根据带有儿童自身特性的情绪与行为而做出与之相协调的行为，不仅对婴儿的情绪调节能力发展十分重要，同时也能促进他们往后自我调节系统的发展[42]。

此外，大量研究表明，婴儿期父母的敏感性应答对学步期儿童执行功能具有显著

预测[25,43-44]。此外，一项干预研究发现，提高母亲的敏感性会促使儿童在自由玩耍任务中表现出更好的问题解决能力[45]。还有研究表明，母亲的支持也与学龄前儿童的情绪调节发展密切相关[46]，母亲的应答性会预测学龄前儿童一年以后的延迟满足能力[28]。

最近，Frick等人[47]展开的两项追踪研究分别探讨了母亲的敏感性对儿童情绪调节的预测，并考察儿童气质的调节效应以及儿童语言能力的中介效应。首先，Frick等人[47]的研究发现，母亲的敏感性会预测18个月婴儿的情绪调节能力，并且二者之间的关系强度会受到婴儿的外倾性气质维度的调节。图2-4对此调节效应模式作了具体阐释，据此推断，对于高水平外倾性的儿童，母亲的敏感性似乎对他们的情绪调节并无显著预测作用，而对于平均水平以及低水平外倾性的儿童而言，母亲的敏感性则能够显著预测他们的情绪调节。这说明母亲的敏感性对儿童情绪调节的促进作用可能仅适用于较缺乏外倾性气质特征的儿童。由于外倾性（外向性）反映的是积极情绪性、高趋近性、高快乐感、低害羞感，同时伴有冲动性与群体归属性[48]，因此，自带外倾性特征的儿童在社会互动中应该能够较积极主动地探索环境，并且他们这种主动交往与学习的能力足以让他们在社会化过程中习得并养成对情绪的管理能力。而对于另外一些外倾性不足的儿童而言，母亲的敏感性教导也许能够补偿他们自身的主动性不足，从而促进他们对情绪表达规则进行内化，增强情绪调节的能力。

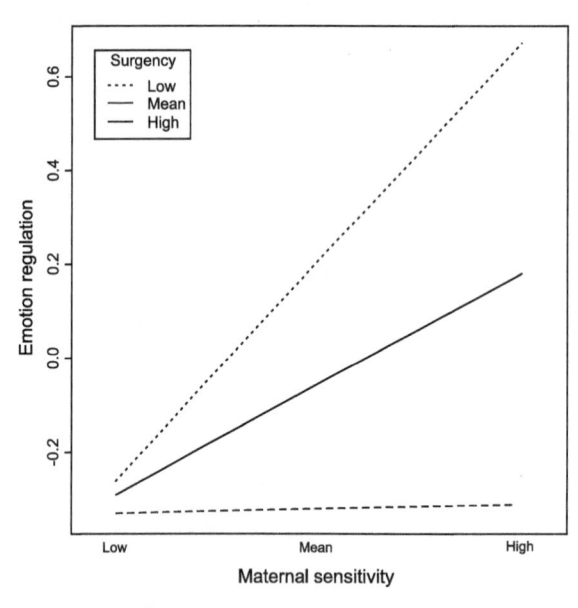

图2-4 母亲敏感性与儿童外倾性对儿童情绪调节的交互预测作用

注：引自Frick等人[47]。

Firck等人的另一项研究对儿童从婴儿期至四岁进行长期追踪[49]，考察了儿童的口头表达能力在母亲敏感性与随后的自我调节能力发展之间的中介效应。母亲的敏感性在婴儿10个月的时候进行测量，通过观察母亲与儿童的互动，采用母亲敏感性问卷[27]对母亲的敏感性进行评估。儿童的口头表达能力在他们18个月的时候通过瑞典版本的18个月儿童的交流能力筛查工具（Swedish Communicative Screening at 18 months）[50]进行测量，另外在儿童满4岁时，采用不同维度的卡片分类任务[51-52]测量儿童的定势转移能力，采用白天/夜晚Stroop任务[53]测量儿童的抑制控制能力，以及采用延迟满足任务[51,54]测量儿童的延迟满足。结果发现，儿童18个月的语言表达能力分别在儿童10个月时母亲的敏感性与儿童4岁时的定势转移、抑制控制和延迟满足之间具有中介作用，如图2-5所示。这些发现说明，婴儿时期母亲的敏感性会持续作用于学前期儿童的自我调节能力的发展，并且婴儿时期儿童的语言能力在其中发挥重要作用。

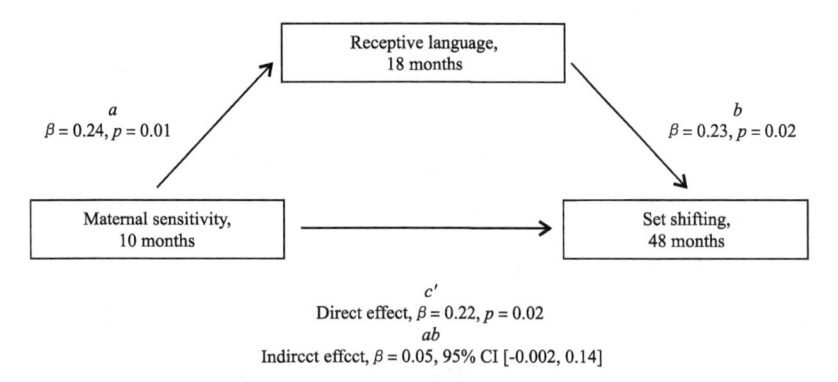

图2-5（a） 儿童语言能力在母亲敏感性与儿童定势转移之间的中介作用

注：引自Frick等人[49]。

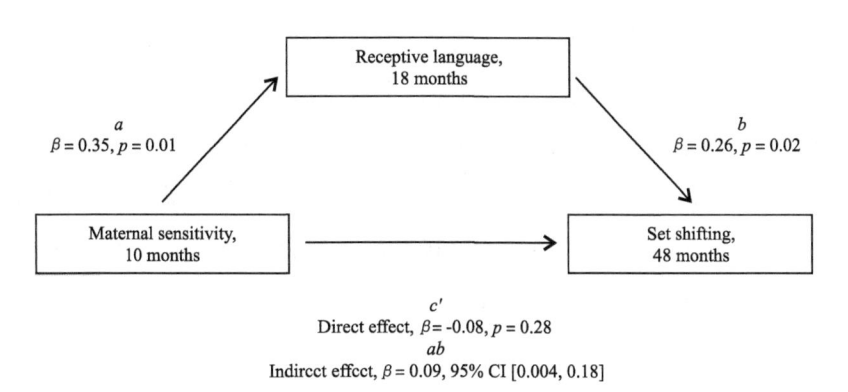

图2-5（b） 儿童语言能力在母亲敏感性与儿童抑制控制之间的中介作用

注：引自Frick等人[49]。

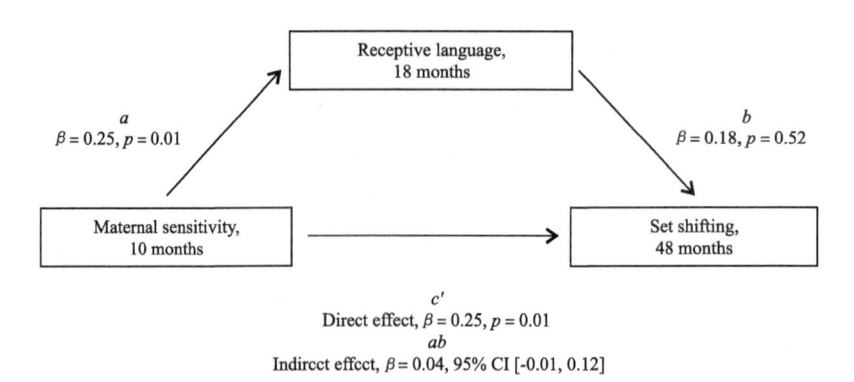

```
                    Receptive language,
                    18 months
         a                              b
    β = 0.25, p = 0.01              β = 0.18, p = 0.52

  Maternal sensitivity,                          Set shifting,
     10 months                                    48 months
                              c'
                    Direct effect, β = 0.25, p = 0.01
                              ab
              Indirect effect, β = 0.04, 95% CI [-0.01, 0.12]
```

图2-5（c）儿童语言能力在母亲敏感性与儿童抑制控制之间的中介作用

注：引自Frick等人[49]。

三、父母支架式教导

Goodman和Gotlib[55]认为，学前期儿童需要父母的支架性教导和支持，才能实现从一个发展阶段到下一个发展阶段的进步，而缺少父母支持的儿童最终很难形成独立的自我调节功能。父母的支架性教导（Scaffolding）需要父母提供足够多的支持以帮助孩子习得某种能力，等到孩子掌握该技能之后父母便不再提供支持[56]。敏感性是父母进行有效的支架性教导的必要但非充分条件。也就是说，父母对于他们的孩子当前已掌握的能力以及正在发展中的能力必须具备一定的敏锐觉察性[57]。然而，支架性教导也包括父母运用已了解的这些知识来规划孩子的发展环境，从而更好地促进孩子的能力发展。有些研究已经将父母对发展环境的规划与父母的温暖和敏感性一起划入情绪可获得性的概念范畴[34]。

然而，许多关于父母支架性教导的研究仅限于考察它对儿童认知能力的影响，如注意[58]、认知问题解决[56]与早期的学业能力[57]。尽管如此，支架性教导对于孩子最初阶段的情绪能力发展仍然起着关键作用，因为这个阶段需要父母主动承担起重任，来教导孩子如何改变他们对挑战性环境的情绪唤起[36]。同样，孩子在得到与他们的需求相匹配的来自父母的支持与规划之后，他们更有可能内化并吸收父母所提供的调节策略，并采用这些策略来应对各种调节与消极情绪，从而不断获得独立的情绪调节技能。而那些没有从父母那里得到支架性教导的孩子则极有可能最终形成非适应性的调节模式[59]。

父母协同孩子进行情绪调节（Parent Co-regulation），指的是父母通过动机或情绪性的支架性指导，以及采用必要的策略来帮助孩子进行情绪调节，从而为孩子的情绪发展提供支持[60]。正如Hoffman等人[61]所描述，动机性的支架教导体现了父母通过夸奖与鼓励、引导孩子的坚持性与注意力、或者重新点燃孩子的目标动机等方式来激发并努力维持孩子对于某些事情的热情与专注力。情绪性的支架性教导则通常指的是父母让孩子将任务参与作为一种积极的情绪体验的能力，它要求父母对孩子的情绪始终保持着敏感性，共同分享孩子的积极情绪，并且将孩子参与任务看作是珍贵的机会[61]。事实证明，无论是动机性或是情绪性的支架教导，都与儿童的生理应激反应水平降低以及外化问题行为减少具有密切相关[62-63]。此外，父母协同孩子进行情绪调节往往需要通过行为观察法得以测量，从而了解到亲子互动过程中父母如何协同孩子进行情绪调节，并且父母的这种支架性教导如何与孩子的情绪调节和病理性发展产生联系[64]。

Ting和Weiss的研究考察了自闭症障碍儿童的情绪调节与父母协同情绪调节之间的联系[65]。被试为五十一名诊断为自闭症障碍的学龄儿童与他们的母亲。儿童的情绪调节由专门针对自闭症儿童开发的测试进行测量[66-68]。父母的协同情绪调节则通过行为观察法，要求每一对母子共同讨论儿童曾经经历的焦虑、愤怒和开心的事件，从而记录谈话过程中母亲所使用的协同调节策略，包括口头语言方面的策略（口头安抚与保证）、主动策略（提出帮助、注意力引导和肢体安抚）、配合策略（行动或情绪上跟随与配合孩子的行动）。此外，观察者对母亲表现出的动机性与情绪性支架教导分别进行五点量表评定[60]：1＝父母在动机或情绪上没有表现出有效的支架性引导，5＝父母基本全程满足了孩子的支架性需求。儿童的内化与外化问题行为则由母亲进行报告。数据分析结果显示，母亲的支架性引导与儿童的外化问题行为呈负相关，与儿童的情绪调节则无显著相关。

四、父母控制

父母控制对子女情绪调节的影响的具体机制为：父母为子女提供指导与反馈意见，从而帮助子女学习如何让自己积极与消极情绪能够以恰当的方式得以表现[69]。当孩子学会更有效地调节自己的情绪时，他们对父母控制的需求量开始减少。当孩子一步步成长时，父母也应当根据孩子的成长步伐而不断调整自己的控制水平和方式。一旦父母控制与儿童的发展出现冲突，这种控制将不再有利于儿童的情绪调节，反而会引发儿童产生更多的负性情绪甚至出现情绪失调。已有研究表明，父母控制在学龄期和青少年期对子女的情绪发展均是较为有利的[70-72]。

有研究发现，父母控制性的行为对儿童的自我调节发展具有促进作用[18,73-75]，而另一些研究却发现，父母控制性的行为与儿童的自我调节困难有关[76-78]。这些不一致的研

究发现可能是由于它们所关注的父母控制并不统一，有些父母控制是积极良性的控制，而另一些则是消极有害的控制[79-80]。积极控制通常是指父母对孩子发出的一些指导或指令行为，往往带有明确的目的性，比如教习、鼓励和指导孩子的行为，并且这些控制行为往往有利于孩子的自我调节发展。相反，消极控制往往是一种强制性控制，并带有愤怒、严厉、批评、过度或侵入式的控制行为和体罚式干预，从而不利于孩子的自我调节发展。无论是积极或是消极控制，它们既可以作为孩子自我控制的影响因素，同时可能会受到孩子自我调节能力的影响。例如，如果家长经常使用积极控制策略，鼓励孩子自己解决难题，并且对于孩子成功的自我调节给以奖励，这些都将促进孩子的自我调节发展[81]。而如果家长总是采用一些消极控制策略，孩子则无法形成对自我调节的正确认知，从而无法形成较好的自我调节[9,77]。另一方面，孩子如果能表现出较好的自我调节，家长会更愿意去指导并协助孩子，而孩子如果表现出不听从家长的意见或者自我控制能力的缺陷，家长则更有可能采用一些强制性的手段[9,77]。

父母行为控制（Behavioral Control）和心理控制（Psychological Control）是两种不同类别的父母控制[82-84]。行为控制是指父母向子女施加规范、规则、限制以及通过主动询问和观察等方式了解子女活动。相比之下，心理控制则是指父母侵扰子女内心世界、破坏孩子自主性发展的控制，包括父母干涉、引发内疚感和爱的撤回等。心理控制的父母可能会对子女说这样的话："你的行为真是太让我丢脸了""你真应该为你的所作所为感到羞愧"。

一般来说，行为控制能够起到约束子女行为的作用，在子女尚未形成独立的自我控制能力时，父母的行为控制作为一种外部控制，的确能够为子女的自我控制发展起到示范作用。Li等人的研究[85]发现，父母行为控制能够促进青少年自我控制的发展，从而起到约束他们行为的作用，减少他们受到同伴侵害的机会。

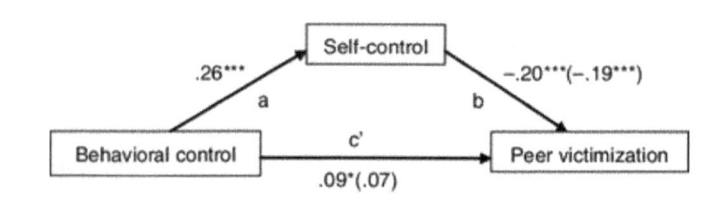

图2-6 青少年自我控制在父母行为控制与同伴侵害之间的中介作用

注：引自Li等人[85]。

父母对子女行为活动的监督与约束能够增强子女对行为规范的认识，并更加懂得如何进行自我调节以做出符合社会规范的行为[86]。尽管如此，也有些研究者认为，行为控制并非是一种完美无瑕的教养行为，在某种程度上它也反映出父母对子女隐私的侵犯以及对子女自主性的限制[87]。当青少年感到他们渴望的自主与他们所受到的父母控制无法进行协调时，他们会试图逃离父母的控制以获得自由[88]。因此，有研究者提出，行为控制与儿童的积极发展结果之间可能存在曲线关系，即中等程度的行为控制最有利于儿童的发展[86]。事实上，李丹黎等人的研究[89]也的确证实了父母行为控制与青少年攻击行为与社会退缩行为之间的非线性关系，从而反映出父母行为控制对子女发展可能具有更加复杂的作用机制。

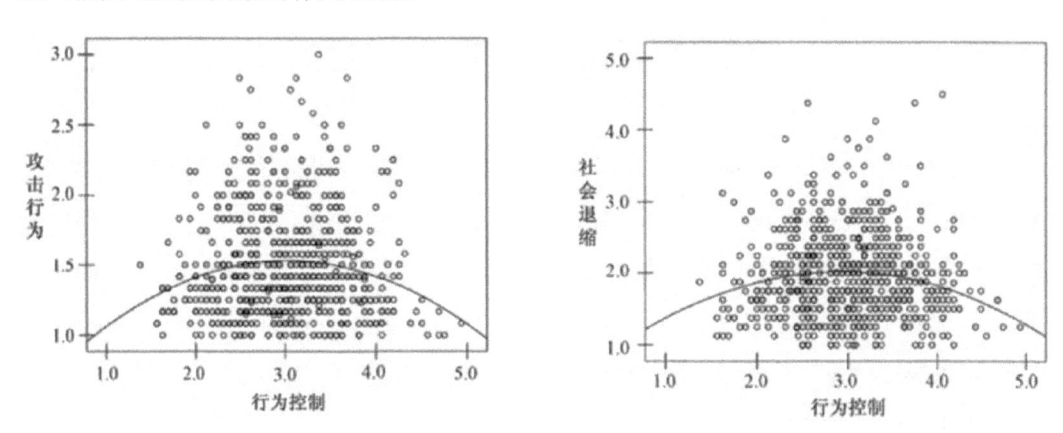

图2-7 行为控制与青少年攻击和社会退缩的非线性关系

注：引自李丹黎等人[89]。

相反，有关父母心理控制的实证研究发现则要统一得多。李丹黎等人的研究发现，父母心理控制与青少年的认知重评策略具有负向联系，而与青少年的表达抑制策略则有正向联系[89]。此外，Li等人的研究发现，心理控制会削弱青少年的自我控制能力，从而增加他们受到同伴侵害的机会[85]。

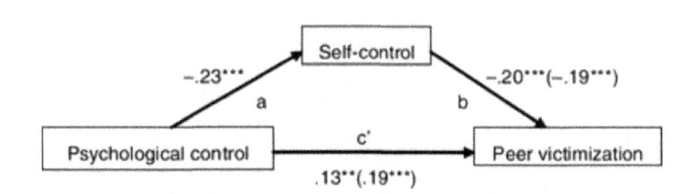

图2-8 青少年自我控制在父母心理控制与同伴侵害之间的中介作用

注：引自李丹黎等人[85]。

受到心理控制的青少年由于情绪和认知等内在过程发展不完善、认知资源和应对技能不足，无法运用认知重评来缓解消极情绪体验[90]，因此当他们面对挑衅或愤怒情

境时，极易引发攻击行为[91-92]。另外，心理控制也不利于安全依恋关系的建立，而不良亲子关系又会降低子女情绪调节能力进而促发攻击行为[93]。同时，心理控制中爱的撤回、引发内疚感等行为本身可能直接引发消极情绪体验，长期消极情绪体验会使个体自我修复能力受损，并习惯于通过压抑情绪表达来获得暂时缓解，而不能从根本上减少消极情绪体验。因此，个体既要掩盖内心的真实情绪体验，使其不被表露出来，又要默默承受消极体验带来的负面影响，这种内外矛盾导致他们对自我和他人的否定，从而在社会交往中表现出孤立、退缩和排斥[91]。

第二节　笼统的父母教养方式

父母教养方式的研究揭示出权威教养方式（表现为高温暖和高控制）能够促进儿童具有更高水平的自我效能感、自律性以及更好的情绪安全感[94-95]。相反，专制教养方式（高控制、低温暖）和纵容型教养方式（低控制、高温暖）并不能教会孩子如何应对挑战与困难，从而很难发展出情绪安全感、行为控制和自我调节能力[94-96]。Deater-Deckard和Dodge的研究[97]证实了父母严厉教养与儿童攻击行为之间的联系取决于父母是在能控制住情绪的情况下实施惩戒，还是以情绪宣泄性的方式来处理。他们的研究发现显示，父母严厉教养对儿童攻击行为所起的作用取决于父母的情绪。其他一些研究者也检验了父母的情绪性与儿童的情绪调节和情绪安全感之间的联系[98-100]。这些研究发现说明，儿童的情绪调节是会受到父母带有惩罚性的情绪所影响，从而对儿童的一系列社会行为造成影响。

父母的情绪调节不良往往会对他们的教养行为带来不利影响。有些父母在教养孩子时总是表现出敌意与拒绝，这可能与他们自身较缺乏良好的情绪调节有关。Dix和Meunier的研究发现[101]，患有抑郁的父母往往缺少以孩子为关注点的生活目标，他们无论对于孩子或是他们自身的能力，都会采用更多的消极归因，表现出更多的消极情绪以及更少的积极情绪，并且更倾向于采用强制型的教养行为。这些特征均会导致父母在与孩子的互动过程中很容易表现出严厉又带有敌意性的行为，从而会为孩子的情绪调节发展带来不利影响。

大量的证据显示，对孩子常表现出敌意和拒绝的父母总是为孩子的情绪调节带来麻烦，并且非安全型依恋的儿童，也总是很难以恰当的方式表达他们的负性情绪[90,102-104]。过度的拒绝总是带来过度的压力感，从而导致应对压力和负性情绪的神经生理系统无法进行较好的自我调节[105]。带有敌意性的父母由于缺少正确的示范，从而无法让孩子了解到如何调节自身行为以应对压力[106]。此外，消极和专制型的教养行为也会增加儿童与青少年的负性情绪反应，并让孩子误认为逃避是处理负性情绪的最佳方式，而不是学会理解并运用恰当的方式来表达[107-108]。然而，当父母在子女需要的时候能够出现在身边，能够敏锐感知到子女的需求并给予回应，那么子女在面对负性情绪以及困难情境时就比较能以平静而又放松的方式去应对[109]。

与父母拒绝或敌意型教养相比，父母温暖型教养对青少年情绪调节的影响一定会表现为与之不同的模式。大量证据表明，社会化其实体现于多个不同的发展领域，并且不同领域的发展需要有不同的教养行为[110-112]。就拒绝型与温暖型的教养行为而言，拒绝型教养行为可能更多会作用于儿童应对消极情绪的能力发展，而温暖型教养行为则有助于儿童的人际交往能力，因为这种教养行为能够教会孩子如何夸赞和感激他人。父母对于孩子的负性情绪表现出消极与迟钝的反应，比如敌意或忽视性的反应，往往会影响孩子对消极情绪进行自我调节的能力，但却不大可能影响他们的社会能力。类似的，Valiente等人的研究[113]发现，母亲的积极情绪表达与儿童日常的建设性应对能力无显著关联。基于这些发现，父母温暖不大可能作用于儿童的情绪调节能力，也不太可能在父母的情绪调节与儿童的情绪调节之间充当中介。Bennett等人的研究[114]发现，父母温暖支持教养方式与儿童对面部表情识别的能力具有显著正相关。其它研究也发现，父母温暖与儿童的情绪理解能力具有显著联系[115-117]。

然而，父母教养方式的作用在不同文化背景中也具有文化差异性。Chang等人的研究[118]在中国样本中考察了父母严厉教养方式对儿童的情绪调节和攻击行为的影响。父母的严厉教养方式由父亲和母亲进行自我报告，儿童的情绪调节由母亲进行问卷报告，儿童的攻击行为由教师进行报告。结果显示，父亲与母亲的严厉教养方式均能够正向预测儿童的情绪调节，父亲的严厉教养也会正向预测儿童的学校攻击行为，如图2-9所示。这一研究结果与Chao的观点[119]一致，即认为中国传统家庭中的教育理念，诸如"棍棒底下出孝子""不打不成器"，均反映出严厉教养对于子女发展的适用性，它在一定程度上能够对子女的言行起到约束与规范的作用，并让子女逐渐养成自我规范与控制的能力。

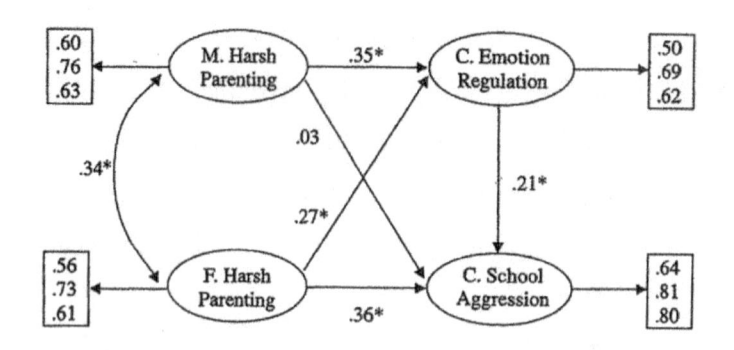

图2-9 父母严厉教养对儿童情绪调节和学校攻击的预测作用

注：* $p < 0.05$，引自Chang等人[118]。

参考文献：

[1] KOPP C. Antecedents of self-regulation: A developmental perspective [J]. Developmental Psychology, 1982, 18(2): 199-214.

[2] GROSSMANN K E, GROSSMANN K. Attachment quality as an organizer of emotional and behavioral responses in a longitudinal perspective [M] // PARKES C M, STEVENSON-HINDE J, MARRIS P. Attachment across the life cycle. New York: Tavistock/Routledge, 1991: 93-144.

[3] HOFER M A. Hidden regulators: Implications for a new understanding of attachment, separation, and loss [M] // Goldberg S, Muir R, Kerr J. Attachment theory: Social, development and clinical perspectives. Hillsdale: Analytic Press, 1995: 203-230.

[4] SPANGLER G, SCHIECHE M, ILG U, et al. Maternal sensitivity as an external organizer for biobehavioral regulation in infancy [J]. Developmental Psychobiology, 1994, 27(7): 425-437.

[5] GUNNAR M R, DONZELLA B. Social regulation of the cortisol levels in early human development [J]. Psychoneuroendocrinology, 2002, 27(1-2): 199-220.

[6] HOFER M A. Multiple regulators of ultrasonic vocalization in the infant rat [J]. Psychoneuroendocrinology, 1996, 21(2): 203-217.

[7] MEINS E, FERNYHOUGH C, FRADLEY E, et al. Rethinking maternal sensitivity: Mother's comments on infant's mental processes predict security of attachment at 12 months [J]. Journal of Child Psychology and Psychiatry, 2001, 42(5): 637-648.

[8] MORAN G, FORBES L, EVANS E, et al. Both maternal sensitivity and atypical

maternal behavior independently predict attachment security and disorganization in adolescent mother-infant relationships[J]. Infant Behavior and Development, 2008, 31(2): 321-325.

[9]KOCHANSKA G, AKSAN N. Mother-child mutually positive affect, the quality of child compliance to requests and prohibitions, and maternal control as correlates of early internalization[J]. Child Development, 1995, 66(1): 236-254.

[10]PARPAL M, MACCOBY E E. Maternal responsiveness and subsequent child compliance[J]. Child Development, 1985, 56(5): 1326-1334.

[11]DIX T. The affective organization of parenting: Adaptive and maladaptive processes[J]. Psychological Bulletin, 1991, 110(1): 3-25.

[12]BRENNER E M, SALOVEY P. (1997). Emotion regulation during childhood: Developmental, interpersonal, and individual considerations[M]// SALOVEY P, SLUYTER D J. Emotional development and emotional intelligence: Educational implications. New York: Basic Books, 1997: 168-195.

[13]BOGENSCHNEIDER K, PALLOCK L. Responsiveness in parent-adolescent relationships: Are influences conditional? Does the reporter matter?[J]. Journal of Marriage and Family, 2008, 70(4): 1015-1029.

[14]BERGER L E, KATHLEEN M J, ALLEN J P, et al. When adolescents disagree with others about their symptoms: differences in attachment organization as an explanation of discrepancies between adolescent-, parent-, and peer-reports of behavior problems[J]. Development and Psychopathology, 2005, 17(2): 509-528, 2005.

[15]ALLEN J P, MCELHANEY K B, LAND D J, et al. A secure base in adolescence: markers of attachment security in the mother-adolescent relationship[J]. Child Development, 2003, 74(1): 292-307.

[16]KOLKO D J, KAZDIN A E. Emotional/behavioral problems in clinic and nonclinic children: correspondence among child, parent and teacher reports[J]. Journal of Child Psychology and Psychiatry and Allied Disciplines, 1993, 34(6): 991-1006.

[17]TREUTLER C M, EPKINS C C. Are discrepancies among child, mother, and father reports on children's behavior related to parents' psychological symptoms and aspects of parent-child relationships?[J]. Journal of Abnormal Child Psychology, 2003, 31(1): 13-27.

[18]BELSKY J, RHA J H, PARK S Y. Exploring reciprocal parent and child effects in US and Korean samples[J]. International Journal of Behavioral Development, 2000, 24(3): 338-347.

[19] KOCHANSKA G, KUCZYNSKI L. Maternal autonomy granting: Predictors of normal and depressed mothers' compliance and noncompliance with the requests of five-year-olds[J]. Child Development, 1991, 62(6): 1449-1459.

[20] SHAMIR-ESSAKOW G, UNGERER J A, RAPEE R M, et al. Caregiving representations of mothers of behaviorally inhibited and uninhibited preschool children[J]. Developmental Psychology, 2004, 40(6): 899-910.

[21] SMITH M, WALDEN T. An exploration of African American preschool-aged children's behavioral regulation in emotionally arousing situations[J]. Child Study Journal, 2001, 31(1): 13-45.

[22] WATSON K H, DUNBAR J P, THIGPEN J, et al. Observed parental responsiveness/warmth and children's coping: Cross-sectional and prospective relations in a family depression preventive intervention[J]. Journal of Family Psychology, 2014, 28(3): 278-286.

[23] HAVERFIELD M C, THEISS J A. Parental communication of responsiveness and control as predictors of adolescents' emotional and behavioral resilience in families with alcoholic versus nonalcoholic parents[J]. Human Communication Research, 2017, 43(2): 214-236.

[24] PAULI-POTT U, SCHLOß S, BECKER K. Maternal responsiveness as a predictor of self-regulation development and attention-deficit/hyperactivity symptoms across preschool ages[J]. Child Psychiatry and Human Development, 2018, 49(1): 42-52.

[25] BERNIER A, CARLSON S M, WHIPPLE N. From external regulation to self-regulation: Early parenting precursors of young children's executive functioning[J]. Child Development, 2010, 81(1): 326-339.

[26] VALLOTTON C D, MASTERGEORGE A, FOSTER T, et al. Parenting supports for early vocabulary development: Specific effects of sensitivity and stimulation through infancy[J]. Infancy, 2017, 22(1): 78-107.

[27] AINSWORTH M D S. Maternal sensitivity scales[M]//Power, 1969, 6: 1379-1388.

[28] WADE M, JENKINS J M, VENKADASALAM V P, et al. The role of maternal responsiveness and linguistic input in pre-academic skill development: A longitudinal analysis of pathways[J]. Cognitive Development, 2018, 45(1): 125-140.

[29] CARLSON S M. Executive function in context: Development, measurement, theory, and experience[J]. Monographs of the Society for Research in Child Development, 2003, 68(3): 138-151.

[30] HARRIST A W, WAUGH R M. Dyadic synchrony: Its structure and function in children's development[J]. Developmental Review, 2002, 22(4): 555-592.

[31] LINDSEY F W, MIZE J, PETTIT G S. Mutuality in parent-child play: Consequences for children's peer competence[J]. Journal of Social and Personal Relationships, 1997, 14(4): 523-538.

[32] MACCOBY E E, MARTIN J. Socialization in the context of the family: Parent-child interaction[M]// Hetherington E M. Handbook of child psychology: Volume 4 Socialization, personality, and social development. New York: Wiley, 1983: 1-101.

[33] FIELD T. Infants of depressed mothers[J]. Infant Behavior and Development, 1995, 18(1): 1-13.

[34] FRANKEL K A, LINDAHL K, HARMON R J. Preschoolers' response to maternal sadness: Relationships with maternal depression and emotional availability[J]. Infant Mental Health Journal, 1992, 13(2): 132-146.

[35] ROSENBLUM O, MAZET P, BENONY H. Mother and infant affective involvement states and maternal depression[J]. Infant Mental Health Journal, 1997, 18(4): 350-363.

[36] CALKINS S D. Origins and outcomes of individual differences in emotion regulation[J]. Monographs of the Society for Research in Child Development, 1994, 59(2-3): 53-72.

[37] FIELD T M. The effects of mother's physical and emotional unavailability on emotion regulation[J]. Monographs of the Society for Research in Child Development, 1994, 59(2-3): 208-227.

[38] SHAW D S, KEENAN K, VONDRA J I, et al. Antecedents of preschool children's internalizing problems: A longitudinal study of low-income families[J]. Journal of the American Academy of Child & Adolescent Psychiatry, 1997, 36(12): 1760-1767.

[39] DONOVAN W L, LEAVITT L A, WALSH R O. Conflict and depression predict maternal sensitivity to infant cries[J]. Infant Behavior & Development, 1998, 21(3): 505-517.

[40] LEADBEATER B J, BISHOP S J, RAVER C C. Quality of mother-toddler interactions, maternal depressive symptoms, and behavior problems in preschoolers of adolescent mothers[J]. Developmental Psychology, 1996, 32(2): 280-288.

[41] ZLOCHOWER A J, COHN J F. Vocal timing in face-to-face interaction of clinically depressed and nondepressed mothers and their 4-month-old infants[J]. Infant Behavior and Development, 1996, 19(3): 371-374.

[42] EGELAND B, PIANTA R, O'BRIEN M A. Maternal intrusiveness in infancy and child maladaptation in early school years[J]. Development and Psychopathology, 1993, 5(3): 359-370.

[43] HUGHES C, ENSOR R A. How do families help or hinder the emergence of early executive function?[J]. New Directions for Child and Adolescent Development, 2009, 123: 35-50.

[44] ROCHETTE É, BERNIER A. Parenting and preschoolers' executive functioning A case of differential susceptibility?[J]. International Journal of Behavioral Development, 2016, 40(2): 151-161.

[45] LANDRY S H, SMITH K E. SWANK P R. Responsive parenting: Establishing early foundations for social, communication, and independent problem-solving skills[J]. Developmental Psychology, 2006, 42(2): 627-642.

[46] COLE P M, DENNIS T A, SMITH-SIMON K E, et al. (2009). Preschoolers' emotion regulation strategy understanding: Relations with emotion socialization and child self-regulation[J]. Social Development, 18(2): 324-352.

[47] FRICK M A, FORSLUND T, FRANSSON M, et al. The role of sustained attention, maternal sensitivity, and infant temperament in the development of early self-regulation[J]. British Journal of Psychology, 2018, 109(2): 277-298.

[48] PUTNAM S P, HELBIG A L, GARTSTEIN M A, et al. Development and assessment of short and very short forms of the infant behavior questionnaire-revised[J]. Journal of Personality Assessment, 2014, 96(4): 445-458.

[49] FRICK M A, FORSLUND T, BROCKI K C. Does child verbal ability mediate the relationship between maternal sensitivity and later self-regulation? A longitudinal study from infancy to 4 years[J]. Scandinavian Journal of Psychology, 2019, 60(2): 97-105.

[50] ERIKSSON M, WESTERLUND M, BERGLUND E. A screening version of the Swedish communicative development inventories designed for use with 18-month-old children[J]. Journal of Speech Language and Hearing Research, 2002, 45(4): 948-960.

[51] CARLSON S M. Developmentally sensitive measures of executive function in preschool children[J]. Developmental Neuropsychology, 2005, 28(2): 595-616.

[52] FRYE D, ZELAZO P D, PALFAI T. Theory of mind and rule-based reasoning[J]. Cognitive Development, 1995, 10(4): 483-527.

[53] GERSTADT C L, HONG Y J, DIAMOND A. The relationship between cognition

and action: Performance of children $3\frac{1}{2}-7$ years old on a stroop-like day-night test[J]. Cognition, 1994, 53(2): 129-153.

[54]MISCHEL W, SHODA Y, RODRIGUEZ M I. Delay of gratification in children[J]. Science, 1989, 244(4907): 933-938.

[55]GOODMAN S H, GOTLIB I H. Risk for psychopathology in the children of depressed mothers: A developmental model for understanding mechanisms of transmission[J]. Psychological Review, 1999, 106(3): 458-490.

[56]KERMANI H, BRENNER M E. Maternal scaffolding in the child's zone of proximal development across tasks: Cross-cultural perspectives[J]. Journal of Research in Childhood Education, 2000, 15(1): 30-52.

[57]CONNER D B, KNIGHT D K, CROSS D R. Mothers' and fathers' scaffolding of their 2-year-olds during problem-solving and literacy interactions[J]. British Journal of Developmental Psychology, 1997, 15(3): 323-338.

[58]FINDJI F. Attentional abilities and maternal scaffolding in the first year of life[J]. International Journal of Psychology, 1993, 28(5): 681-692.

[59]COLE P M, MICHEL M K, TETI L O. The development of emotion regulation and dysregulation: A clinical perspective[J]. Monographs of the Society for Research in Child development, 1994, 59(2-3): 73-100.

[60]GULSRUD A C, JAHROMI L B, KASARI C. The co-regulation of emotions between mothers and their children with autism[J]. Journal of Autism and Developmental Disorders, 2010, 40(2): 227-237.

[61]HOFFMAN C, CRNIC K A, BAKER J K. Maternal depression and parenting: Implications for children's emergent emotion regulation and behavioral functioning[J]. Parenting: Science and Practice, 2006, 6(4): 271-295.

[62]HOOVEN C, GOTTMAN J M, KATZ L F. Parental meta-emotion structure predicts family and child outcomes[J]. Cognition and Emotion, 1995, 9(2/3): 229-264.

[63]WILSON B J, BERG J L, ZURAWSKI M E. Autism and externalizing behaviors: Buffering effects of parental emotion coaching[J]. Research in Autism Spectrum Disorders, 2013, 7(6): 767-776.

[64]LOUGHEED J P, HOLLENSTEIN T, LICHTWARCK-ASCHOFF A, et al. Maternal regulation of child affect in externalizing and typically-developing children[J]. Journal of Family Psychology, 2014, 29(1): 10-19.

[65] TING V, WEISS J A. Emotion regulation and parent co-regulation in children with autism spectrum disorder[J]. Journal of Autism Developmental Disorder, 2017, 47(3): 680-689.

[66] ATTWOOD T. Exploring feelings: Cognitive behaviour therapy to manage anxiety[M]. Arlington: Future Horizons, 2004.

[67] BEAUMONT R, ROTOLONE C, SOFRONOFF K. The secret agent society social skills program for children with high-functioning autism spectrum disorders: A comparison of two school variants[J]. Psychology in the Schools, 2015, 52(4), 390-402.

[68] BEAUMONT R, SOFRONOFF K. A multi-component social skills intervention for children with Asperger syndrome: The junior detective training program[J]. Journal of Child Psychology and Psychiatry, 2008, 49(7), 743-753.

[69] OLSON S L, BATES J E, BAYLES K. Early antecedents of childhood impulsivity: The role of parent-child interaction, cognitive competence, and temperament[J]. Journal of Abnormal Child Psychology, 1990, 18(3): 335-345.

[70] MCDOWELL D J, KIM M, O'NEIL R, et al. Children's emotional regulation and social competence in middle childhood: The role of maternal and paternal interactive style[J]. Marriage and Family Review, 2002, 34(3-4): 345-365.

[71] MOILANEN K L. The adolescent self-regulatory inventory: The development and validation of a questionnaire of short-term and long-term self-regulation[J]. Journal of Youth and Adolescence, 2007, 36(6): 835-848.

[72] STRAYER J, ROBERTS W. Children's anger, emotional expressiveness, and empathy: Relations with parents' empathy, emotional expressiveness, and parenting practices[J]. Social Development, 2004, 13(2): 229-254.

[73] EIDEN R D, LEONARD K E, MORRISEY S. Paternal alcoholism and toddler noncompliance[J]. Alcoholism: Clinical and Experimental Research, 2001, 25(11): 1621-1633.

[74] FELDMAN R, KLEIN P S. Toddlers' self-regulated compliance to mothers, caregivers, and fathers: Implications for theories of socialization[J]. Developmental Psychology, 2003, 39(4): 680-692.

[75] FELDMAN R, GREENBAUM C W, YIRMIYA N. Mother-infant affect synchrony as an antecedent of the emergence of self-control[J]. Developmental Psychology, 1999, 35(1): 223-231.

[76]KOCHANSKA G, KNAACK A. Effortful control as a personality characteristic of young children: Antecedents, correlates, and consequences[J]. Journal of Personality, 2003, 71(6): 1087-1112.

[77]SILVERMAN I W, RAGUSA D M. Child and maternal correlates of impulse control in 24-month-old children[J]. Genetic, Social, and General Psychology Monographs, 1990, 116(4): 437-473.

[78]STANSBURY K, ZIMMERMANN L K. Relations among child language skills, maternal socialization of emotion regulation and child behavior problems[J]. Child Psychiatry and Human Development, 1999, 30(2): 121-142.

[79]BRAUNGART-RIEKER J, GARWOOD M M, STIFTER C A. Compliance and noncompliance: The roles of maternal control and child temperament[J]. Journal of Applied Developmental Psychology, 1997, 18(3): 411-428.

[80]WESTERMAN M A. Coordination of maternal directives with preschoolers' behavior in compliance-problem and healthy dyads[J]. Developmental Psychology, 1990, 26(4): 621-630.

[81]PUTNAM S P, SPRITZ B L, STIFTER C A. Mother-child coregulation during delay of gratification at 30 months[J]. Infancy, 2002, 3(2): 209-225.

[82]BARBER B K. Parental psychological control: Revisiting a neglected construct[J]. Child Development, 1996, 67(6): 3296-3319.

[83]BARBER B K. Intrusive parenting: How psychological control affects children and adolescents[M]. Washington: American Psychological Association, 2002.

[84]WANG Q, POMERANTZ E M, CHEN H. The role of parents' control in early adolescents' psychological functioning: A longitudinal investigation in the United States and China[J]. Child Development, 2007, 78(5): 1592-1610.

[85]LI D, ZHANG W, WANG Y. Parental behavioral control, psychological control and Chinese adolescents' peer victimization: The mediating role of self-control[J]. Journal of Child and Family Studies, 2015, 24(3): 628-637.

[86]BARBER B K, STOLZ H E, OLSEN J A. Parental support, psychological control, and behavioral control: Assessing relevance across time, culture, and method[J]. Monographs of the Society for Research in Child Development, 2005, 70(4): 1-137.

[87]HAWK S T, HALE W W, RAAIJMAKERS Q A W, et al. Adolescents' perceptions of privacy invasion in reaction to parental solicitation and control[J]. Journal of

Early Adolescence, 2008, 28(4): 583−608.

[88] KEIJSERS L, BRANJE S, HAWK S T, et al. Forbidden friends as forbidden fruit: Parental supervision of friendships, contact with deviant peers, and adolescent delinquency[J]. Child Development, 2012, 83(2): 651−666.

[89] 李丹黎, 张卫, 李董平, 等. 父母行为控制、心理控制与青少年早期攻击和社会退缩的关系[J]. 心理发展与教育, 2012, 28(2): 201−209.

[90] MORRIS, A S, SILK J S, STEINBERG L, et al. The role of the family context in the development of emotion regulation[J]. Social Development, 2007, 16(2): 361−388.

[91] GROSS J J, JOHN O P. Individual differences in two emotion regulation processes: Implications for affect, relationships, and well-being[J]. Journal of Personality and Social Psychology, 2003, 85(2): 348−362.

[92] MAUSS I B, COOK C L, CHENG J Y, et al. Individual differences in cognitive reappraisal: Experiential and physiological responses to an anger provocation[J]. International Journal of Psychophysiology, 2007, 66(2): 116−124.

[93] 李霓霓, 张卫, 李董平, 等. 青少年的依恋、情绪智力与攻击性行为的关系[J]. 心理发展与教育, 25(2): 91−96.

[94] BAUMRIND D. The influence of parenting style on adolescent competence and substance use[J]. Journal of Early Adolescence, 1991, 11(1): 56−95.

[95] STEINBERG L, ELMEN J D, MOUNTS N S. Authoritative parenting, psychosocial maturity, and academic success among adolescents[J]. Child Development, 1989, 60(6): 1424−1436.

[96] BAUMRIND D, LARZELERE R E, OWENS E B. Effects of preschool parents' power assertive patterns and practices on adolescent development[J]. Parenting Science and Practice, 2010, 10(3): 157−201.

[97] DEATER-DECKARD K, DODGE KA. Externalizing behavior problems and discipline revisited: Nonlinear effects and variation by culture, context, and gender[J]. Psychological Inquiry 1997, 8(3): 161−175.

[98] DAVIES P T, CUMMINGS E M. Marital conflict and child adjustment: An emotional security hypothesis[J]. Psychological Bulletin 1994, 116(3): 387−411.

[99] EISENBERG N, FABES R A, GUTHRIE I K, et al. The relations of regulation and emotionality to problem behavior in elementary school children[J]. Development and Psychopathology 1996, 8(1): 141−162.

[100]PARKE, R D. CASSIDY J, BURKS V M, et al. Familial contributions to peer competence among young children: The role of interactive and affective processes[M]// PARKE R D, LADD, G W. Family-peer relationships: Modes of linkage. Hillsdale: Lawrence Erlbaum Associates, 1992.

[101]DIX T, MEUNIER L N. Depressive symptoms and parenting competence: an analysis of 13 regulatory processes[J]. Developmental Review, 2009, 29(1): 45-68.

[102]CASSIDY J. (1994). Emotion regulation: influences of attachment relationships[J]. Monographs of the Society for Research in Child Development, 59(2-3): 228-249.

[103]GROLNICK W S, FARKAS M. Parenting and the development of self-regulation[M]//BORNSTEIN M H. Practical issues in parenting: Volume 5 Handbook of parenting. Hillsdale: Erlbaum, 2002: 89-110.

[104]KOBAK R R, SCEERY A. Attachment in late adolescence: working models, affect regulation, and representations of self and others[J]. Child Development, 1988, 59(1): 135-146.

[105]GUNNAR M. Early adversity and the development of stress reactivity and regulation[M]// Nelson C A. The effects of early adversity on neurobehavioral development. Mahwah: Lawrence Erlbaum Associates Publishers, 2000: 163-200.

[106]GOTTMAN J M, KATZ L F, HOOVEN C. Parental meta-emotion philosophy and the emotional life of families: theoretical models and preliminary data[J]. Journal of Family Psychology, 1996, 10(3): 243-268.

[107]CUMMINGS E M, DAVIES P T. Emotional security as a regulatory process in normal development and the development of psychopathology[J]. Development and Psychopathology, 1996, 8(1): 123-139.

[108]EISENBERG N, CUMBERLAND A, SPINRAD T L. Parental socialization of emotion[J]. Psychological Inquiry, 1998, 9(4): 241-273

[109]KLIMES-DOUGAN B, ZEMAN J. Introduction to the special issue: emotion socialization for middle-childhood and adolescence[J]. Social Development, 2007, 16(2): 203-209.

[110]BUGENTAL D B. (2000). Acquisition of the algorithms of social life: a domain-based approach[J]. Psychological Bulletin, 126(2): 187-219.

[111]GRUSEC J E, DAVIDOV M. Integrating different perspectives on socialization theory and research: a domain specific approach[J]. Child Development, 2010, 81(3): 687-

709.

[112] MACDONALD K. Warmth as a developmental construct: an evolutionary analysis[J]. Child Development, 1992, 63(4): 753-773.

[113] VALIENTE C, FABES R A, EISENBERG N., et al. The relations of parental expressivity and support to children's coping with daily stress[J]. Journal of Family Psychology, 2004, 18(1), 97-106.

[114] BENNETT D S. Antecedents of emotion knowledge: Predictors of individual differences in young children[J]. Cognition and Emotion, 2005, 19(3): 375-396.

[115] ALEGRE A, BENSON M. Parental acceptance and late adolescents' adjustment: The role of emotional intelligence[M]// Fatos E. Acceptance: The essence of peace. Istanbul: Turkish Psychology Association, 2007: 33-49.

[116] DUNN J, BROWN J. Affect expression in the family, children's understanding of emotions, and their interactions with others[J]. Merrill-Palmer Quarterly, 1994, 40(1): 120-137.

[117] STEELE H, STEELE M, CROFT C., et al. Infant-mother attachment at one year predicts children's understanding of mixed emotions at six years[J]. Social Development, 1999, 8(2): 161-178.

[118] CHANG L, SCHWARTZ D, DODGE K A, et al. Harsh parenting in relation to child regulation and aggression[J]. Journal of Family Psychology, 2003, 17(4): 598-606.

[119] CHAO R K. Beyond parental control and authoritarian parenting style: Understanding Chinese parenting through the cultural notion of training[J]. Child Development 1994, 65(4): 1111-1119.

第三章

父母情绪社会化与儿童情绪调节

儿童的情绪调节与他们的社会能力、学业成就、心理幸福感和病理症状密切联系,因此情绪社会化的核心目标即是发展儿童的情绪调节[1]。父母对儿童的情绪社会化(Parental Emotion Socialization)指的是父母通过采取一些手段来帮助孩子获得情绪调控能力[2]。对于年幼儿童来说,父母经常通过情感安抚、积极情绪唤起、缓和恐惧情绪等方式来帮助婴幼儿管理他们的情绪,而对于中晚期儿童以及青少年,父母对儿童的情绪管理则从直接干预转化为间接影响。

第一节 父母情绪社会化的概念和理论框架

关于父母情绪社会化的具体内容，不同研究者的界定标准不同。例如，Eisenberg等人[3]最早提出父母情绪社会化的概念框架。他们把父母的情绪社会化行为称为"与情绪相关的教养行为"，并主要聚焦于三个方面的情绪相关教养行为：父母对儿童的情绪进行应答、父母自身的情绪表达、父母与儿童的情绪谈话。其中，由于父母的情绪应答是指父母针对儿童特定的情绪表现给以具体的应答反应，因此被认为是较直接的情绪社会化表现形式。相比之下，父母的情绪表达以及父母与孩子之间的情绪讨论则更贴近于家庭情绪氛围，在这种氛围下儿童能够逐渐掌握情绪表达的社会规则以及有效进行情绪调控的手段。Eisenberg等人认为，父母情绪社会化的表现形式多种多样，这些情绪相关教养行为对儿童发展的影响结果也多种多样，可表现在以下方面：（1）影响儿童在特定情境中的情绪体验；（2）影响儿童自发性的情绪表达；（3）影响儿童在特定情境中的情绪调节和情绪相关的行为表现；（4）影响儿童情绪调控的方式和方法；（5）影响儿童对情绪及其调控过程的理解；（6）影响儿童形成对于情绪本身以及情绪表达者的个人见解；（7）影响儿童与教养者之间的关系质量；（8）影响儿童形成对自我、与他人的关系以及社会环境的认知图式。

第三章 父母情绪社会化与儿童情绪调节

Child characteristics
e.g., Age, Sex, Temperament

Parent characteristics
e.g., Sex, Personality, General parental style, Emotion-related beliefs

Cultural factors
e.g., Emotion-related norms and values, Gender stereotypes

Context
e.g., Degree of emotion in context, Potential for harm to someone

Emotion-related Parenting practices
e.g., Reactions to child's emotions, Discussion of emotion, Emotional expressiveness

Child's arousal

Child outcomes
e.g., Experience of emotion, Acquisition of regulation capabilities, Regulation and understanding of emotion, Quality of parent-child relationship, Schemas about self, relationships, and the world

Social behavior & Social competence

Moderators
e.g., Type and intensity of child's emotions, Type and intensity of parents' emotions, Appropriateness of parents' emotion and behavior in the context, Child's temperament/personality, Child's sex and developmental level, Variability and consistency of parental behavior, Clarity of parental communication, Fit of parental behavior with child's developmental level, Whether parent behavior is directed at child, Whether parent behavior is proactive or reactive

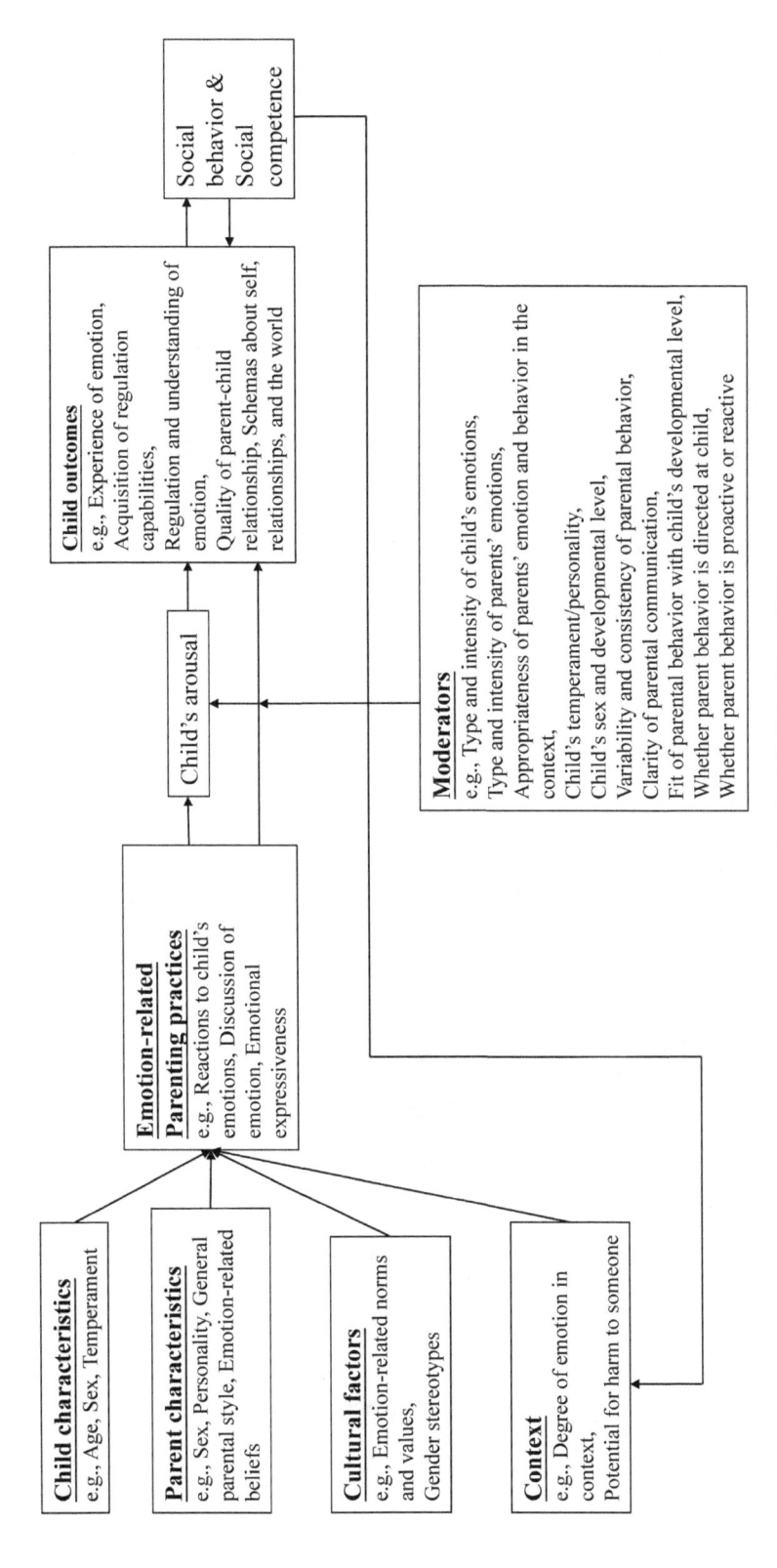

图3-1 父母情绪社会化的概念框架模型

注：引自Eisenberg等人[3]。

父母养育与儿童的情绪调节

相比于Eisenberg等人[3]聚焦于三个方面的情绪教养行为，Morris等人[4]提出的"儿童情绪调节的三重家庭影响因素模型"关注的是范围更广的家庭环境对儿童情绪调节发展的塑造，并且该模型着重强调儿童中晚期及青少年期的针对情绪调节发展的社会化过程。该模型认为，直接的观察模仿、父母的情绪教养行为、家庭情绪氛围是三大主要方面，构成了影响儿童情绪调节的家庭环境因素的核心成分。直接的观察模仿主要是指家庭成员为孩子提供了直接的可参照的模板，从而让儿童通过观察习得类似的情绪表达或调控的方法。父母的情绪教养行为主要是指与情绪相关的父母教养行为，例如父母对儿童情绪的应答方式，父母对儿童情绪的辅导策略等。家庭情绪氛围主要是指家庭成员所营造出的情感氛围，主要表现形式有亲子依恋、父母的教养方式、家庭成员的情绪表达以及父母的婚姻关系质量。此外，该模型认为，这些家庭环境影响因素不仅会直接作用于儿童与青少年的情绪调节发展，同时也会对儿童的问题行为和社会适应具有直接和间接的影响。

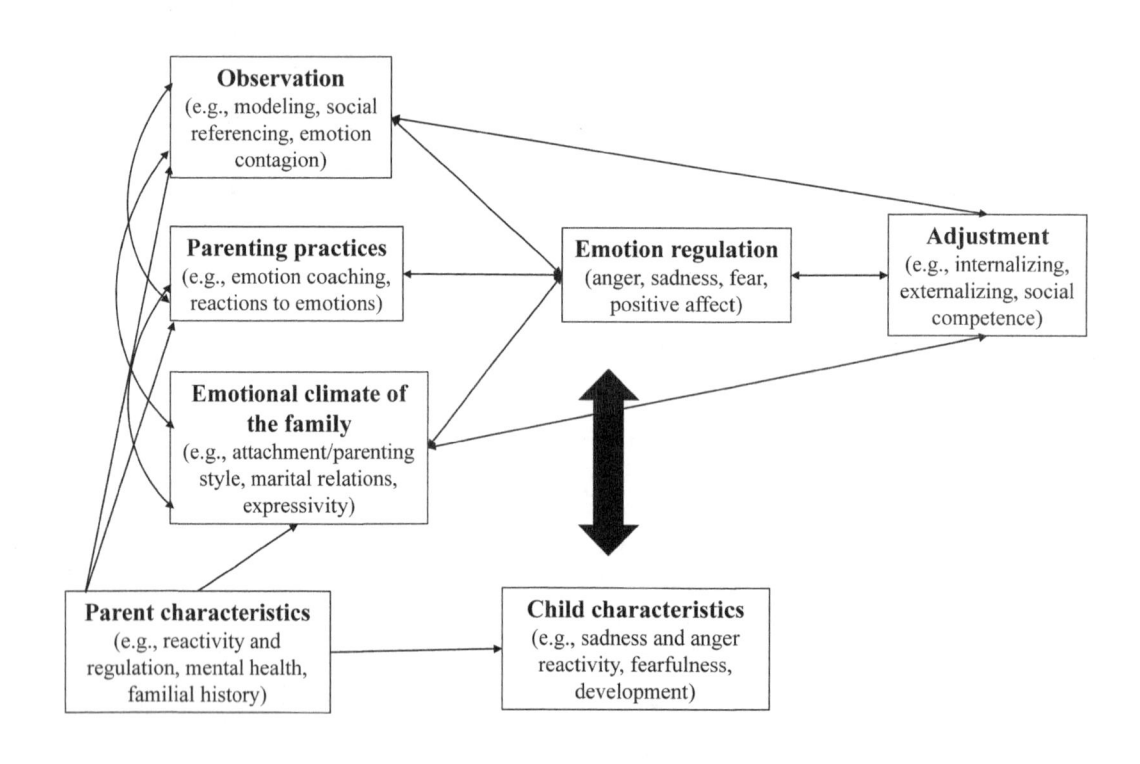

图3-2 儿童情绪调节的三重家庭影响因素模型

注：引自Morris等人[4]。

Thompson[2]对于情绪和情绪调节的家庭社会化过程提出了自己的观点。Thompson认为,情绪调节既包括自上而下的加工过程,即表现为对情绪产生过程的认知和神经生理加工过程,也包括自下而上的运作机制,即每个微小方面的情绪加工过程构成了更加复杂的情绪调控过程。由于情绪社会化的核心任务是为了发展儿童的情绪调节能力,那么情绪社会化过程也可体现为自上而下和自下而上这样两种表现形式。Thompson认为,父母情绪社会化既可以是自上而下的过程,比如父母直接教会孩子如何理解和管理情绪,也可以是自下而上的过程,如体现为家庭互动过程中儿童所掌握的情绪体验和情绪调节能力。因此,Thompson认为,父母情绪社会化大致可分为两个方面:一方面可以指父母对儿童情绪的直接干预,另一方面也可以指家庭环境和氛围对儿童情绪调节发展的塑造。父母对儿童情绪的直接干预是指父母直接对儿童的情绪进行管理。当面对儿童的情绪时,父母会采取安抚、劝解、分散注意力等支持性干预措施,当然也包括过度干涉、强迫儿童自己面对负性情绪等非支持性的方式。家庭环境和氛围的塑造主要体现为父母的婚姻关系、家庭成员的情绪表达方式、父母有关情绪表达的态度和观念。

此外,DeOliveira等人[5]在综合了Gergely和Watson[6-7],以及Gianino和Tronick[8]关于父母情绪社会化过程的理论观点之后,提出自己的整合模型,如图3-3所示。在这个新的

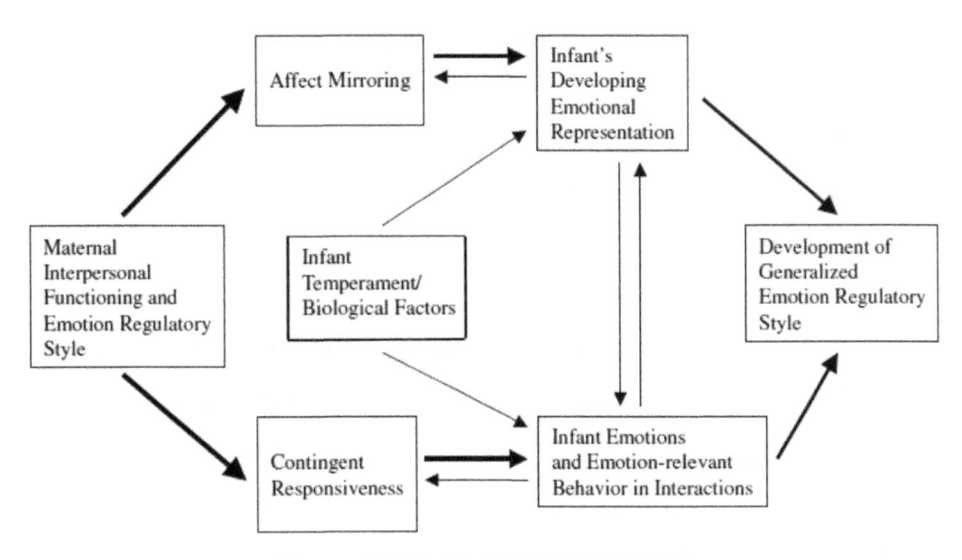

图3-3 情绪社会化的互动过程理论模型

注:引自DeOliveira等人[5]。

整合模型中，母亲自身对人际关系和情绪的表征以及她们自身的情绪调节风格是情绪社会化过程的重要因素，它们会通过不同的路径机制进而影响婴儿的情绪调节发展。一方面，该模型强调，母亲自身对情绪的表征以及情绪调节风格会影响她们看待婴儿情绪的镜像与视角，继而会影响婴儿情绪表征的发展，最终影响婴儿的情绪调节模式。另一方面，该模型认为，母亲自身对情绪的表征以及情绪调节风格会影响她们对婴儿自我调节的应答与反应，并进一步影响婴儿在人际互动中的情绪表现行为，最终形成婴儿的情绪调节风格。同时，该模型还强调了婴儿与母亲之间的双向作用，即婴儿的情绪表征会影响目前的情绪表征，同时婴儿在互动中的情绪相关行为也会影响母亲对他们的情绪应答。

综合上述理论模型可以看出，尽管不同研究者分别提出了各自对于父母情绪社会化具体内容的理解，他们对于父母情绪社会化概念框架的内涵界定实则大同小异。Eisernberg等人[3]对于父母情绪社会化的界定更加聚焦于情绪相关教养行为，而Morris等人[4]和Thompson[5]均关注更大范围的家庭环境对于儿童情绪发展的社会化塑造过程。由于本书关注的并非仅仅是父母情绪社会化与儿童的情绪发展，亲子关系、父母教养、父母婚姻关系等其他因素均在本书关注的范围以内。为了使父母情绪社会化的概念界定更加明确，易与其它类似或相关的概念进行区分，我们倾向于采用Eisernberg等人[3]对父母情绪社会化的概念界定，认为父母情绪社会化的具体表现形式应分为情绪应答、情绪表达和情绪谈话这三个方面的情绪相关教养行为。

除了以上理论模型中涉及的父母情绪社会化的行为表现以外，Eisernberg等人[3]和Thompson[2]的理论模型中也提到了与父母的情绪教养行为较为密切相关的另一概念——父母的情绪理念。父母的情绪理念反映出他们对自身与孩子的情绪相关的态度和观念[9-12]，包括能否接受孩子的情绪表达，以及父母惯常的情绪教养的态度等具体方面，在情绪社会化过程中也起着至关重要的作用。例如，有些父母认为孩子的消极情绪是有危害的，而另一些父母的观念则是消极情绪未必总是坏的。再比如，有些父母认为，当孩子出现消极情绪时，父母应该及时采取有效措施以化解这些情绪，而另一些父母则认为孩子的消极情绪无关痛痒。目前已有大量研究证实，父母所持有的情绪理念对他们在情绪社会化过程中的行为方式起着决定作用[13]。因此，本章节的内容将围绕着父母情绪应答、父母情绪表达、父母与孩子的情绪谈话以及父母的情绪理念这几个方面来阐述父母情绪社会化对儿童情绪调节发展的影响。

第二节 父母的情绪应答

一、父母情绪应答的形式

儿童的积极或消极情绪表达在日常生活中总是很频繁。他们的这些情绪往往是通过面部表情、肢体动作或是口头语言的形式表现出来。情绪教养者对儿童消极情绪的应答方式在情绪社会化过程中尤其扮演着重要角色。他们的应答方式既可以是支持性的，也可以是非支持性的。例如，父母既可以通过回避的方式来应对，也可以通过同样不好的情绪表露来回应儿童的消极情绪，甚至可能以责骂的方式来惩罚儿童，有时候也会表现出不理不睬，忽视儿童的情绪，又或者，父母尝试着对儿童给以安抚，也可以尝试着教会儿童如何正确管理自己的情绪[14-15]。然而，父母支持性与非支持性情绪应答的作用效果并非一尘不变。随着儿童年龄的增长，社会能力与需求的发展，父母也应当调整他们的应对策略以更有效地帮助儿童发展他们的情绪能力。

（一）父母对儿童消极情绪的应答

父母对儿童消极情绪的支持性应答可通过安抚情绪、帮助儿童从事件的消极面转向积极愉悦的另一面，或者试图分析儿童消极情绪的产生缘由进而帮助儿童从消极情绪中抽身出来。因此，父母的支持性情绪应答通常被认为是对儿童积极有利的情绪社会化手段[16-17]。它既能够使儿童眼下正在经历的消极情绪得以调控，同时也为儿童的情绪调节提供了可参照的榜样，促进儿童今后的社会情绪行为发展[18-19]。与此同时，大量研究发现，父母对儿童消极情绪的支持性应答能够促进儿童适应性情绪调节策略的使用[16]，减少内外化问题行为的发生[20]，同时也能够增加儿童的共情能力[21]，以及其他方面的社会能力[21-22]。

Lamb认为[23]，父母对儿童的痛苦情绪进行安抚会让儿童适应并习得这种情绪管理手段，从而使得儿童对父母萌发出一种预期，那就是，父母的到来会帮助他们化解这种不好的情绪体验。同时，研究发现，六个月的儿童，当他们感知到父母正在靠近自己时，他们会开始变得安静；而当他们发现父母仅仅是靠近自己却并没有予以安抚时，他们便会发出抗议[24]。同样，在与婴幼儿进行面对面活泼互动时，母亲所表现出的敏锐性能够让婴儿在互动过程中保持情绪可控状态，这十分有利于促进儿童早期自我调节能力的发展[25]。

当年幼的孩子面对情绪问题时，父母越是能够为孩子提供支持，这些孩子将来也越可能拥有出色的情绪技能。Calkins和Johnson[26]发现，母亲在亲子互动中越多表现出过度干涉，她们的18个月大的婴孩在挫折任务中越多表现出痛苦反应；相反，母亲越能够为孩子提供支持、建设性意见和鼓励，这些孩子越能够运用问题解决和分散注意力的策略来应对挫折。另一项实验室观察研究发现，母亲越倾向于让学步儿童靠近潜在威胁刺激物，这些孩子越容易表现出压力过激反应[27]。因此，这些研究发现说明，父母的协助不仅能管理儿童当下的情绪行为，同时也对儿童今后的情绪自控能力的发展起着决定性作用，因为它会让儿童了解到，痛苦是可以得到控制的，并且大人们也是能够帮助他们去应对情绪威胁性情境的。

然而，父母的行为并不总是支持性的，一旦父母无法为儿童提供支持性行为，它将会造成儿童的情绪应答和自我控制方面的发展问题。研究表明，父母的情绪表达反映了父母在面对儿童情绪问题时采用批评或是情感支持的态度，因此对儿童将来的情绪能力发展十分关键。尽管情绪表露与精神分裂、抑郁、双向障碍等临床病理症状联系较为紧密，发展心理学的研究却发现，情绪表露与儿童一系列的心理问题也具有密切相关。例如，一项研究发现，母亲患有抑郁症的家庭中，情绪表达对于儿童情绪发展的重要性尤为显著[28]。一方面，抑郁的母亲在面对儿童的情绪问题时，无法做出支持性的应答反应，从而儿童无法习得如何做出适应性的情绪应对；另一方面，抑郁的母亲往往容易造成不恰当的家庭情绪氛围，这些原因都将导致儿童的情绪失调以及发展病理性症状。

（二）父母对儿童积极情绪的应答

由于消极情绪往往与许多非适应性发展结果，如情绪失调、内外化问题等密切相关，因此，研究者较多关注的是父母对儿童消极情绪的应答方式。然而，儿童在日常生活中的情绪表现除了生气、难过、羞愧等消极情绪以外，儿童也常常经历开心、感恩、热情等多种多样的积极情绪。近年来，研究者开始关注父母对儿童积极情绪的应答方式在儿童情绪发展中所起到的作用。研究发现，当父母更加频繁地与孩子讨论情绪（积极和消极）、揭示情绪的起因和后果、对儿童的情绪给以应答时，儿童早期的情绪相关技能会得到更好的发展[29-30]。此外，Yap等人[31]采用Ladouceure等人[32]修订的"父母对孩子积极情绪应答量表"，从认可应答反应（鼓励表达）和非认可应答反应（不适感、限制约束、行为抑制）这两个方面对父母情绪应答进行计分，考察父母对孩子积极情绪的应答如何影响青少年的情绪调节策略，并进一步影响他们的病理症状。结果表明，母亲对孩子积极情绪的认可应答反应越多、非认可反应越少，青少年越倾向于使用适应性情绪调节策略。由此说明，父母针对儿童积极情绪的应答方式也对儿童的情绪发展起到十分重要的作用。

（三）儿童年龄对父母情绪应答的影响

随着儿童年龄的增长，他们的自身需求和能力的发展促使父母不得不适当调节对儿童情绪的应对方式和策略，以更有效地发展儿童的情绪能力。例如，在青少年早期的时候，儿童已经理解并掌握一些基本情绪（开心、生气、难过、惊讶、恐惧等）的表达规则，同时也能够了解到这些情绪对他人的影响后果[33]。随着这种能力的不断发展，儿童发展出更加细致入微的情绪理解与判断能力，以至于他们能够真正理解他人情绪表达背后的含义以及具有掩饰特征的情绪表达[34]。此外，儿童早期关于情绪的自主调节、适应性调节和对情境的敏感性均处于不断发展中[35-36]。随着儿童生活面的不断扩大，接触到更加多样化的社会情境，他们已经开始了解不同的情境特征对情绪表达具有不同的标准和要求。为此，父母能否针对儿童不断发展的需求而相应地调整自己的情绪社会化手段，对于儿童情绪与社会能力的发展至关重要。

事实上，父母如何根据儿童不同年龄段的特征来调整情绪社会化的策略，并无统一定论。例如，父母教儿童识别积极情绪也许仅适用于婴幼儿时期的儿童，而父母采用榜样示范的方式来演示亲社会应答方式则可能对于年长儿童更加奏效[21]。此外，父母采用注意力分散或者情绪聚焦这些应对策略，可能较适用于年幼的儿童，而对于年长儿童，当他们的注意、记忆和自我调节能力发展更成熟时，父母则需改变应对策略，多采用认知性策略、诱导启发式策略、或者更加复杂的问题解决式策略。家庭成员间互动中经常出现的情绪讨论或谈话，可能未必适用于中晚期儿童，因为他们已经有了自己的隐私意识，不太乐意与父母讨论自己的感受[10,16]。总而言之，父母的情绪社会化策略不能仅借鉴他们过去的成功经验，更须结合儿童当下以及未来可预期的社会情绪能力发展形式。

Mirabile等人[37]对81名3—6岁儿童的父亲或母亲进行问卷调查，考察父母对儿童消极情绪的支持性应答与儿童社会情绪适应的关联性是否在不同年龄的儿童群体中有所不同。结果发现，支持性应答与儿童有效情绪调节策略的使用在不同年龄段儿童中表现出不同的关联，如图3-4所示。对于3—4岁儿童，父母的支持性应答对儿童有效情绪调节策略使用的促进作用十分明显；对于4—5岁儿童，父母支持性应答对儿童有效情绪调节策略使用的促进作用则有所下降；而对于5—6岁儿童，父母支持性应答与儿有效情绪调节策略的使用则呈负相关。此外，在儿童的焦虑内化问题和愤怒外化问题的发展结果指标上也发现了类似的结果，即父母支持性应答对儿童问题行为的抑制作用仅在5岁以下儿童中较为显著，而对于5岁以上儿童则会起到相反效果。这些发现验证了前面的理论观点，即父母对儿童消极情绪的支持性应答并非始终具有良性影响，随着儿童年龄的增长，各方面能力的发展，父母应该对自己的情绪社会化策略和方式做出相应调整，寻找与儿童发展阶段相匹配的最佳策略。

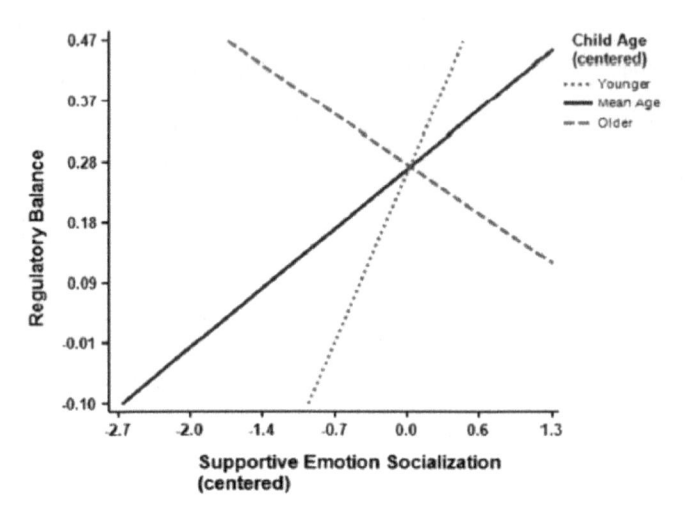

图3-4（a） 不同年龄段儿童中父母支持性应答与儿童有效情绪调节的关联

注：引自Mirabiles等人[37]。

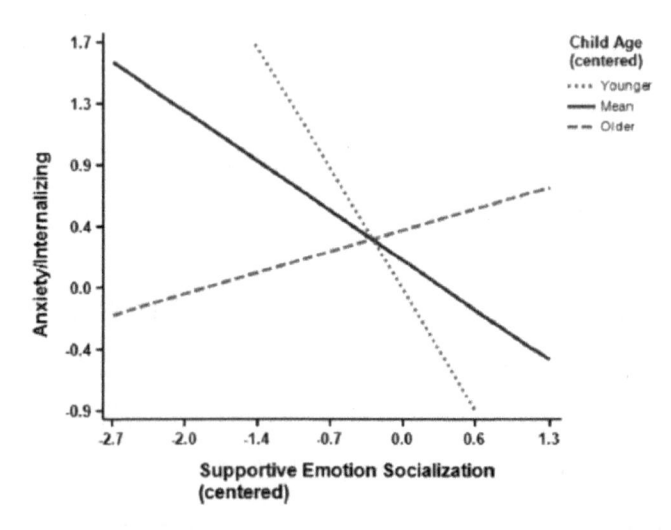

图3-4（b） 不同年龄段儿童中父母支持性应答与儿童焦虑/内化问题的关联

注：引自Mirabiles等人[37]。

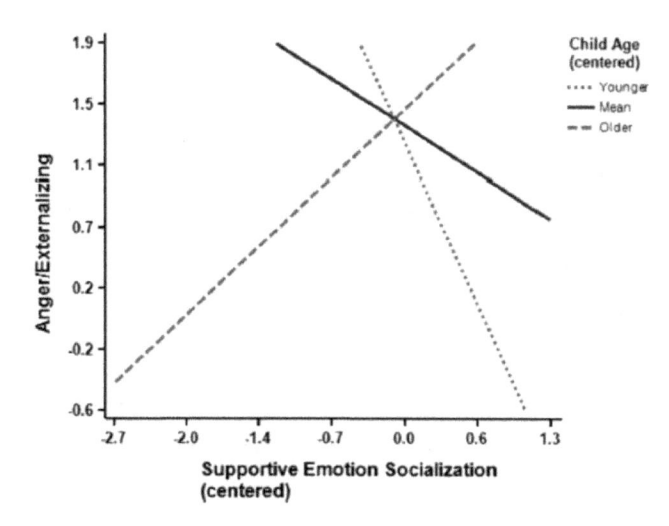

图3-4（c） 不同年龄段儿童中父母支持性应答与儿童愤怒/外化问题的关联

注：引自Mirabiles等人[37]。

综上所述，父母情绪应答是指父母针对儿童的情绪体验和表达给予的应答方式，通过这种直接的应答，父母能够明确地将他们自己的关于情绪的态度和看法传递给孩子，从而对儿童的情绪社会化起着直接的引导作用[3]。父母对儿童的消极情绪所表现出的惩罚、忽视等非支持性的应答方式不仅无益于化解儿童的情绪，更会诱发儿童对于再次被罚的焦虑、恐惧和愤怒情绪。相反，父母的支持性应答则有助于消除儿童的消极情绪体验。然而，无论是支持性应答还是非支持性应答，它们的作用效果仍取决于儿童的年龄阶段和特定的社会情境特征。

二、父母情绪应答的测量

（一）父母对儿童消极情绪的应对量表

目前应用最为广泛的父母情绪应答测量工具就是Fabes等人[18-19]编制的"父母对儿童消极情绪的应对量表"（The Coping with Children's Negative Emotions Scale, CCNES）。该量表包含六个分量表，分别从情绪聚焦、问题聚焦、鼓励表达、惩罚反应、痛苦反应和忽视这六个方面来测量父母的情绪应答。其中，情绪聚焦、问题聚焦、鼓励表达为支持性情绪应答，而惩罚反应、痛苦反应和忽视属于非支持性应答。量表共由十二个假想故事情境组成，每个故事情境分别描述不同场景中的孩子正在经历的消极情绪体验。每个故事情境后面附有六个问题，分别对应以上六种情绪应答方式。施测过程中，主试要求父母想象每个故事情境中的主人公正是他们自己的孩子，并让父母报告当他们面临每一个故事情境时，他们做出每种应答反应的可能性，从而测量到父母在

每种情绪应答方式上的得分，见表3-1。

表3-1　CCNES中文翻译版本样题

指导语：请仔细阅读以下各个题目表述，并判断出你有多大可能会按照项目所描述的那样做出反应，1表示最不可能，7表示最有可能。请仔细阅读每个题目，并且按照你的真实情况作答。请在每道题目下圈出最符合你的选项。

---

1. 如果我的孩子因为生病或受伤不能参加他/她朋友的生日派对，我会：
a. 让孩子呆在屋子里反省自己。　　　　　　　　　1 2 3 4 5 6 7
b. 生孩子的气。　　　　　　　　　　　　　　　　1 2 3 4 5 6 7
c. 帮助孩子想一个他/她仍能跟朋友呆在一起的办法（如派对过后邀请一些朋友）。
　　　　　　　　　　　　　　　　　　　　　　　1 2 3 4 5 6 7
d. 告诉我的孩子不要因为错过派对而小题大做。　　1 2 3 4 5 6 7
e. 鼓励孩子表达他/她的愤怒和沮丧。　　　　　　　1 2 3 4 5 6 7

注：引自Fabes等人[18-19]。

为了进一步检验该量表的心理测量学属性，Fabes等人[19]继续开展了两个研究。研究一以101名父母（母亲居多）作为被试，要求她们填写CCNES及其它相关问卷。结果表明，该量表的内部一致性信度、重测信度及结构效度均较好，见表3-2、3-3。研究二以36名儿童作为被试，检验了父母的六种情绪应答方式对儿童情绪功能（理解和表达）的预测作用。结果发现，三种支持性应答反应正向预测儿童的情绪理解能力，父母痛苦反应则负向预测儿童的情绪理解能力。另外，父母鼓励表达正向预测儿童的情绪表达能力，而三种非支持性应答反应均负向预测儿童的情绪表达能力。由此说明CCNES具有较好的信效度，可以广泛运用于相关实证研究。

表3-2　CCNES测量指标与社会称许性的相关

测量指标	与社会称许性的相关关系
痛苦反应	−.52**
惩罚反应	−.15
忽视反应	−.19
鼓励表达	.07
情绪聚焦	.01
问题聚焦	.15

注：** $p < .01$. 引自Fabes等人[19]。

表3-3 CCNES各分量表的内部相关性

	1	2	3	4	5	6
1 痛苦反应	—	.32**	.32**	.02	−.01	−.14
2 惩罚反应		—	.64***	−.15	−.18	−.24*
3 忽视反应			—	.16	.12	−.01
4 鼓励表达				—	.36**	.54***
5 情绪聚焦					—	.65***
6 问题聚焦						—

注：$p < .05$**，$p < .01$，引自Fabes等人[19]。

（二）亲子互动的观察与编码

尽管CCNES目前已取得较广泛的应用，但父母报告仍然可能存在一定程度的主观偏差（如社会称许、回溯偏差等）。为了增加测量的生态效度，最大程度上获取父母在真实生活中对儿童情绪的应答反应，不少研究者们会采用观察法来测量亲子互动中父母如何应对儿童的负性情绪。相较于问卷报告法，观察法更具灵活性，研究者可以自由设置不同的实验任务情境或范式，从而使他们的观察内容更加灵活多样。

目前运用较为广泛的观察范式之一是失望任务范式（Disappointment task），该任务范式已被证实能够有效诱发儿童的消极情绪[38-39]。实验程序如下：首先，主试会给儿童呈现出七八种不同的玩具，要求每个儿童选出自己最喜欢的那个（汽车模型、芭比娃娃等）和最不喜欢的那个（旧电池、旧玩偶等），接着主试告诉儿童们，一会把他们最喜欢的那个玩具包装起来送给他们。几分钟后，另一个主试拿来一个盒子，盒子里面装的是儿童最不喜欢的那个玩具，主试告诉儿童盒子里装的正是他们最爱的玩具，同时要求儿童和母亲一起打开盒子分享他的玩具。接下来，主试离开房间，让母亲和儿童单独相处五分钟。五分钟过后，主试把儿童选的最喜欢的玩具送给他们，并告之刚刚拿错玩具了。

整个亲子互动的过程会被录像，研究者可对亲子互动视频进行观察编码，从中对父母的情绪应答进行定性和定量转化。例如，Morris等人[39]以十秒为一个时间间隔，编码每个十秒内母亲分别采用"分散注意力""安抚""认知重评"这三种策略的频次，从而获取五分钟的互动过程中母亲所使用的三种应对策略的频次得分。"分散注意力"是指母亲试图将儿童的注意力从刚刚的失望任务中转移出来（例如，母亲开始说一些新鲜有趣的话题），"安抚"是指母亲采用一些言语或肢体动作来表达对儿童情绪的安抚（例如，母亲拥抱或抚摸孩子），"认知重评"是指母亲帮助孩子转变对当前事件的消极评价（例如，母亲告诉孩子旧的电池仍然有用途）。

除了失望任务范式以外，另一些研究者采用"系列情绪引发任务范式"来诱发儿童的消极或积极情绪[38,40]。该任务范式一般包含四至五个任务，每个任务包含一种玩具，要求母亲和孩子一起参与互动，从而既可以观察亲子互动过程中父母的情绪表达和应答反应，同时也能够观察儿童在情绪诱发任务中的情绪调节行为。同样，整个互动过程会被录像，研究者以十秒为一个时间间隔，编码儿童出现积极或消极情绪的时间间隔次数，以及母亲面对儿童积极与消极情绪时所做出的应答行为的恰当性。例如，当母亲应对的是儿童的消极情绪时，母亲应答行为的恰当性体现在母亲的行为是否有助于调节儿童的行为；当母亲应对的是儿童的积极情绪时，母亲应答行为的恰当性体现在母亲能够积极回应儿童的积极情绪，从而形成双向的积极的互动。最后，可将母亲表现出恰当应答反应的频率与儿童表现出积极或消极情绪的频率的比值作为母亲情绪应答的计分方式。

问题解决式的亲子互动任务也是用来观察父母对儿童情绪应答的经典任务范式。Chaplin等人[41]采用"搭积木"的任务作为亲子互动的任务范式，该任务限时十分钟，要求每一对儿童与父亲或母亲分别作为挑战者，尝试在一座已搭建成的高塔上再放上一个木块，谁先将木块放上并且高塔没有倒塌就算是获胜者，而放上木块导致高塔倒塌的一方算是失败者。该任务既具有趣味性，同时也会引发儿童的挫折和失望。因此，这个任务完成过程中能够观察到儿童的情绪表达以及父母如何应对儿童的情绪表达。该研究将父母对儿童情绪表达的关注分为鼓励性应答和非鼓励性应答两类，考察父母情绪应答的频次对儿童情绪表达及问题行为的影响。

此外还有一些研究者采用父母与孩子进行情绪相关事件的谈话的观察范式来测量互动过程中父母对儿童情绪的应答反应。由于该任务要求儿童和母亲对曾经经历过的情绪体验进行讨论，因此仅适用于年长儿童，而非年幼儿童。目前采用该任务范式的研究选取的被试均为6—12岁年龄段的儿童[42-43]。例如，Shipman等人[42]对母亲与儿童的情绪谈话进行录像，并从中编码母亲所采用的有效化和无效化的反应方式。有效化反应体现为母亲对儿童情绪表现的高度认可和重视，并对儿童的情绪表现出共情（如，我非常理解你为什么感到害怕，如果是我，我也会感到害怕），并帮助儿童有效应对情绪（如，当你难过的时候，你可以告诉我或者老师，我们可以帮助你）。相反，无效化反应则是指母亲表现出忽视或轻视儿童的消极情绪，甚至采用惩罚、责备和训斥的方式来应对儿童的消极情绪。与此类似，Morelen和Suveg[43]也采用情绪谈话的方式，观察并编码母亲的支持性或非支持性情绪应答方式。支持性应答方式可体现为在谈话的过程中母亲试图理解孩子的情绪、肯定孩子的情绪、促进孩子有效的情绪调节，或者谈及他们自身曾经的类似情绪体验。非支持性应答方式则体现为母亲认为孩子的情绪是错误的或者不重要的，鄙视儿童的情绪表达，以及忽视儿童在谈话过程中的情绪感受。

须注意的是，采用观察法对父母对儿童情绪应答方式进行编码的前提条件是，必须包含儿童的情绪诱发环节。也就是说，必须在儿童的情绪被引发的情况下，父母才能够对其做出应答和反应。无论是失望任务范式、系列任务范式，或是情绪谈话法，无一不包含儿童的情绪诱发过程。此外，在观察法的任务范式中，父母对儿童的情绪进行应答有多种体现形式。因此，须结合研究者所关注的焦点，有目的性地进行编码与分析。

三、父母情绪应答与儿童情绪发展的实证研究

Eisenberg等人[20]采用为期四年的纵向追踪研究，以两年为间隔，分三个时间点分别测量父母对儿童消极情绪的应答方式和儿童的外化问题行为，如图3-5所示。结果表明，儿童6—8岁时的外化问题行为正向预测儿童8—10岁时父母报告的非支持性应答（惩罚反应和痛苦反应），并且儿童8—10岁时测量的父母非支持性应答正向预测儿童10—12岁的外化问题行为。这一研究发现说明父母情绪应答与儿童问题行为之间存在相互影响，从而支持了Eisenberg等人[3]提出的父母情绪社会化的理论模型。

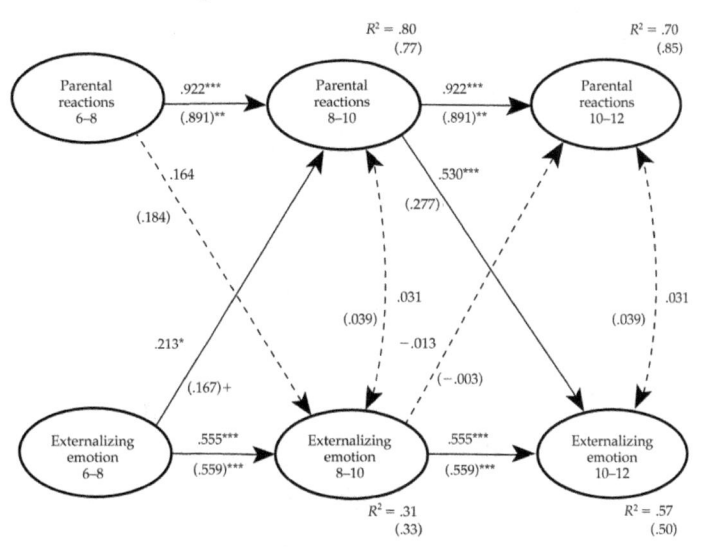

图3-5 父母情绪应答对儿童外化问题行为的纵向预测

注：引自Eisenberg等人[20]。

Davidov和Grusec[44]将儿童的气质以及性别纳入考察范围，考察在控制了儿童气质的

独特效应之后，父母对儿童消极情绪的应答方式以及父母温暖支持对儿童情绪调节能力的独特预测作用，以及儿童性别在其中的调节作用。该研究不仅采用前文提到的CCNES和CRPQ（Child-Rearing Practices Report Q-short）测量父母报告假想情境中对儿童痛苦反应的情绪应答，同时采用更直观的视频观察来引发父母对视频中儿童痛苦反应的真实感受，同时报告他们可能会采取的应答方式。结果表明，在控制了儿童年龄、性别和困难型气质之后，父亲和母亲对儿童痛苦反应的应答均能独特预测儿童对消极情绪的调控能力。然而，母亲情绪应答的独特预测作用仅在男孩中显著，对女孩的预测作用却不显著。相反，父亲情绪应答的独特预测作用对男孩和女孩均显著。这些结果表明了父母情绪应答对儿童情绪调节的独特贡献，也反映出父亲和母亲对于男孩和女孩的影响可能是不同的。

与此同时，McElwain等人[22]也相继检验了父亲和母亲情绪应答分别对儿童情绪理解能力的独特预测和交互作用。结果表明，当父亲和母亲支持性应答同时预测儿童对情绪错误信念的理解能力时，仅父亲支持性应答反应的预测作用显著。然而，父亲和母亲支持性应答能够交互预测儿童的情绪理解能力，表现为母亲的支持性应答反应越高，父亲的支持性应答对儿童情绪理解能力的预测作用则越弱。这一结果不仅说明父亲与母亲支持性应答对儿童情绪理解的预测作用不同，同时也说明父亲与母亲支持性应答反应并非单独起作用，而是会相互影响，共同对儿童的情绪理解能力产生影响。

以上研究均从父母支持性或非支持性应答的角度来考察父母情绪应答，另有一些研究基于父母所采取的具体应对策略来考察父母对儿童情绪的应答方式。例如，Spinrad等人[45]采用观察法，观察母亲与儿童共同参与的互动任务中母亲对儿童情绪调节所采用的策略，包括分散注意力、安抚、表达期望、询问引导和解释这几种具体策略。结果表明，母亲表达愿望这一策略会促进儿童的消极情绪表达，母亲安抚策略会减少儿童积极情绪表达，母亲询问引导这一策略则有利于抑制儿童消极情绪的表达。这一结果说明母亲不同的策略使用对儿童情绪表达具有不同的影响。此外，Tao等人[46]采用间隔一年的追踪研究考察中国家庭中父母对儿童消极情绪的应答方式对儿童问题行为与社会适应的纵向预测作用。父母的情绪应答方式采用中文修订版的CCNES量表进行测量，包含惩罚反应、情绪聚焦、问题聚焦、轻视反应和鼓励表达这五种情绪应答方式。结果表明，控制了笼统的父母教养方式之后，父母的惩罚反应会促进儿童外化问题行为的发生，而情绪聚焦和问题聚焦均会减少儿童外化问题的发生，由此说明不同类型的父母情绪应答方式对儿童的问题行为具有不同的预测作用。

除了采用CCNES量表测量父母对儿童情绪的应答方式以外，仍有一些研究采用观察法对亲子互动中母亲的情绪应对方式与儿童的情绪表达进行实时记录，并考察母亲的情绪应对策略对儿童情绪调节的实时影响。Morris等人[39]采用失望任务法引发儿童的消极情绪，紧接着观察母亲与孩子之间的互动，从中记录母亲如何采用策略来帮助儿童调节他们的情绪。他们以十秒为一个时间间隔，对三分钟互动过程中母亲使用安抚、分散注意力以及认知重评这三种策略的频次进行编码记录，并同步记录每个时间间隔中儿童所表现出难过情绪的强度。多水平统计分析模型表明，随着时间的推移，儿童的消极情绪表达逐渐下降。此外，母亲所采用的分散注意力与认知重评策略均能有效缓解儿童的消极情绪。这一研究基于动态的视角，揭示了母亲情绪调节策略的使用与儿童消极情绪表达在个体内水平上的时间变异性以及二者的同步共变关系。

同样，Morelen和Suveg[43]采用了实时观察法，观察并记录父母与儿童在进行情绪谈话过程中，父母对儿童情绪所表现出的行为反应以及儿童自身的情绪调节行为，并采用时间序列检验方法（Sequential Analyses）来检验父母的情绪应答与儿童情绪调节的相互影响。结果表明，父母所表现出的支持性情绪应答行为（帮助儿童理解他们自己的情绪、认可儿童的情绪、促进儿童进行有效的情绪调节等）能够促使儿童进行有效的情绪调节，儿童的有效情绪调节也能够促进父母支持性情绪应答反应；相反，父母所表现出的非支持性情绪应答行为（不认可也不重视儿童的情绪、忽略儿童的情绪表达、对儿童的情绪无动于衷等）则推动儿童出现不当的情绪调节，而儿童的不当情绪调节行为也会引发父母更多的非支持性情绪应答行为。

第三节 父母的情绪理念

一、父母情绪理念的概念及测量

父母情绪社会化除了父母情绪应答、情绪表达和情绪谈话这些行为方式，父母的情绪理念也是父母情绪社会化中重要的一环，它是父母情绪社会化行为方式的重要决定因素。Gottman等人提出的"父母元情绪哲学"这一概念为我们了解父母情绪理念做出了巨大贡献[10-11]，它是指对自己和他人的情绪所形成的系统性的观念与态度[47]。通过对父母访谈内容的细节性编码与加工，Gottman及其同事基于父母对情绪和情绪表达重要性的看法与态度、情绪体验的有效性、父母如何帮助儿童进行情绪调节这几个方面，提出了情绪教导（Emotion Coaching）和情绪摒弃（Emotion Dismissing）这两种元情绪理念。情绪教导理念指父母对孩子的情绪具有敏感性，能够了解孩子的各种情绪反应，认可孩子的情绪体验和表达，帮助孩子解决情绪问题。情绪摒弃理念则指父母认为孩子的消极情绪具有危害性，父母通过忽略或惩罚等方式来消除孩子的消极情绪，并让孩子感知到他们的消极情绪是受到排斥的。

Gottman等人建立的父母元情绪理念概念框架受到中西方学者的广泛认可，并在实证研究中普遍应用于探讨父母情绪理念对父母情绪社会化行为的影响。然而，中国台湾学者叶光辉等人[48]认为，文化差异导致中国父母在面对孩子消极情绪时可能并不会表现出特别的态度倾向，即在面对孩子消极情绪时表现出不作干涉的反应与态度。因此，他们在现有的父母元情绪理念的概念基础上增加了具有中国特色的情绪不干涉理念（Emotion Noninvolvement）。梁宗保等人[49]采用叶光辉等人编制的父母元情绪理念量表，在中国大陆被试群体中测量了母亲情绪指导、情绪摒弃和情绪不干涉理念，并考察这三种元情绪理念与学前儿童社会适应的相互作用关系。

基于父母元情绪哲学这一概念模型，Katz等人[12]的研究发现，情绪教导能够促进儿童的情绪能力和心理社会适应能力。Yap等人[50]发现，拥有建设性元情绪理念的母亲往往在情绪社会化过程中更少表现出消极的行为方式。Cunningham等人[51]同样发现，照料者的情绪教导方式能够促进儿童发展出更好的情绪理解和调控能力，从而能有效抑制儿童的内外化问题行为。

然而，由于父母元情绪哲学理念的研究所涵盖的概念范围较广，既包含父母教养方式和父母的具体教养策略这些反映父母教养行为方式的概念结构，同时也囊括父母的情绪理念及儿童养育哲学等反映父母态度和观念的概念，从而为我们理解与区分父母所持有的特定情绪观念对其情绪社会化行为方式的影响增加了难度。因此，十分有必要对父母情绪理念和父母情绪社会化行为进行区分，考察父母情绪理念的具体内涵与父母情绪社会化行为的具体表现之间的联系。Waters等人[52]的研究聚焦于母亲关于"关注和认可自身情绪的重要性"这一情绪理念，并发现母亲越倾向于认为关注并认可自身情绪是重要的，她们越能够洞察出四岁儿童在情绪调节任务中的情绪感受，并做出建设性地理性评估。这一研究聚焦于母亲情绪理念中的某一具体方面，并探讨其与母亲情绪社会化行为具体表现之间的关联，因此有助于我们理解二者的区别和联系。

除了Gottman等人提出的父母元情绪理念这一概念模型以外，Halberstadt等人[53]提出更加具体化和生活化的父母情绪理念内涵。首先，他们将父母情绪理念划分为父母对儿童积极情绪的理念和对儿童消极情绪的理念。其次，类同于Gottman等人的情绪教导和情绪摒弃，Halberstadt等人将父母对儿童消极情绪的理念划分为父母"认为孩子的消极情绪有价值"和"认为孩子的消极情绪有危害"这两种相反的情绪理念[53]。父母认为孩子的消极情绪有价值与情绪教导理念类同，是指父母珍惜儿童的消极情绪并会做出相应措施来帮助儿童积极解决它。与之相反，父母认为孩子的消极情绪有危害类同于情绪摒弃理念，它是指父母坚信消极情绪是不好的，是会为孩子带来危害的，持有这种观念的父母通常不会认可儿童的消极情绪表达，并渴望儿童尽量少表现出这样的有害情绪。

Halberstadt等人[53]认为，父母情绪社会化行为是父母用于儿童情绪教养的外在行为表现，而父母的情绪理念体现的是父母的态度和观念，是决定情绪社会化行为方式的先行主导因素。因此，她们提出父母情绪理念和社会化行为的理论模型，用以阐明二者之间的预测关系。同时，Halberstadt等人[53]将这一概念模型应用于考察遭受美国911恐怖袭击创伤的家庭，如图3-6所示。研究结果发现，父母认为儿童情绪有价值和有危害这两种情绪观念均能够促进父母与儿童之间的情绪谈话。另外，父母认为儿童情绪有危害也会一直影响父母对儿童的情绪表达。此外，父母认为儿童情绪有价值会促进儿童有效情绪调节策略的使用，而父母认为儿童情绪有危害则促使儿童过多采用回避或分心的应对策略。

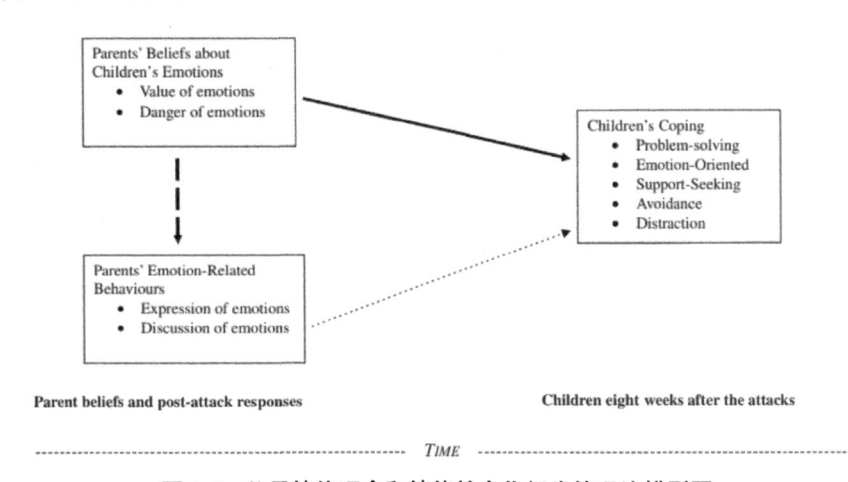

图3-6 父母情绪理念和情绪社会化行为的理论模型图

注：引自Halberstadt等人[53]。

关于父母情绪理念的测量，目前使用较多的是Halberstadt等人编制的父母对儿童情绪所持观念问卷（Parents' Beliefs About Children's Emotions Questionnaire），主要包含父母对儿童情绪的价值性判断和危害性判断这两个分问卷。父母认为儿童负性情绪有

价值这一情绪观念类同于Gottman等人提出的情绪教导理念，体现的是父母会珍惜与鼓励孩子的负性情绪表达，同时认为负性情绪体验和经历并不全然是有害的，其样题为"有时候小孩子感到伤心是有好处的、愤怒可以帮助孩子去做他们想做的事，比如坚持做一件十分困难的任务，或者始终坚持自我"。相反，父母认为儿童的负性情绪有危害这一情绪观念类同于Gottman等人提出的情绪摒弃理念，体现的是父母不鼓励甚至反对孩子的负性情绪表达，同时倾向于认为孩子的负性情绪十分有害，其样题为"小孩子发脾气不是一种好现象""伤心对于孩子来说是不好的"。

Meyer等人[54]采用元情绪特质量表（Trait Meta-Mood Scale, TMMS）来测量母亲的情绪观念。TMMS为五点自评量表，分别从清楚性（Clarity）、关注性（Attention）和修复性（Repair）这三个方面来测量母亲能否感知和理解她们自己的情绪、是否认为关注并接受情绪是重要的，以及是否尝试努力去抑制消极情绪并保持积极情绪。结果表明，母亲越能够清楚感知和理解她们自身的情绪，她们越容易流露出积极情绪，并且在面对孩子的负性情绪时越倾向于采用鼓励表达的策略，同时更少对孩子表现出痛苦反应。同样，母亲越倾向于认为关注自身情绪十分重要，她们越容易表露出积极情绪，并且在面对孩子的负性情绪时越倾向于采用鼓励表达的策略，同时更少对孩子采用惩罚和忽视的应答方式。另外，还有少数研究者关注的是某一方面的父母情绪理念。例如，Wong等人[55]关注的仅仅是父母情绪理念中"对儿童消极情绪表达的接受性"这单一方面的情绪理念，同样采用Halberstadt等人[56]编制的父母情绪理念量表，其中14个项目来测量父母对儿童的难过、愤怒和羞愧情绪的接受程度。

二、父母情绪理念的相关实证研究

随着研究者们对父母情绪理念和情绪社会化行为这二者的区分日益明显，研究者们对父母情绪理念和情绪社会化行为分别如何作用于儿童的情绪调节功能展开了大量研究。Wong等人[55]采用问卷法和行为观察法相结合，考察父亲和母亲的情绪理念以及情绪社会化行为对儿童同伴交往能力的预测作用。该研究采用Halberstadt等人[56]编制的"父母对儿童消极情绪的接受性"分量表测量父亲和母亲的情绪理念。父亲和母亲的情绪社会化行为包含父母对儿童消极情绪的鼓励行为和父母对儿童的情绪表达，前者由父母进行问卷报告，后者通过对家庭冲突事件讨论进行观察而测得。结果表明，母亲的情绪理念对其鼓励表达行为的预测作用强于父亲。另外，母亲的鼓励表达与消极情绪表达均与儿童的同伴交往能力呈非线性联系，表现为中等程度的鼓励表达与消极情绪表达更能够促进儿童同伴交往能力的发展。此外，儿童的年级与母亲的情绪理念之间存在着交互作用，表现为母亲对儿童消极情绪表达的可接受性对五年级儿童同伴交往能力具有促进作用，而这一预测作用在三年级和一年级儿童中均不显著。

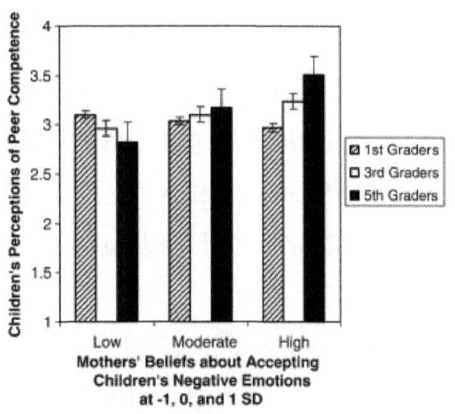

图 3-7　母亲情绪理念对不同年级儿童同伴交往能力的预测作用

注：引自Wong等人[55]。

此外，Wong等人[57]另一项研究发现，母亲对儿童消极情绪的接受理念对其消极情绪表达的预测作用会受到儿童气质的调节。具体表现为，儿童的消极情绪性越高，母亲对消极情绪表达的认可性会促使她们出现更多的消极情绪表达；而当儿童的消极情绪性较低时，母亲对消极情绪表达的认可则会削减她们的消极情绪表达，如图3-8所示。因此，母亲的情绪理念对其情绪表达行为的决定作用会取决于儿童的气质特质。

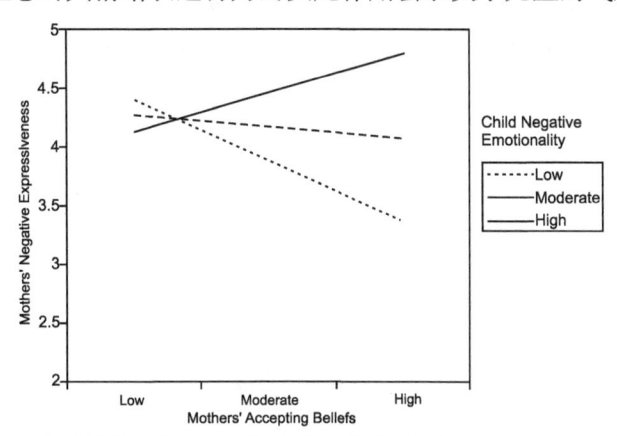

图3-8　母亲对情绪的接受理念与母亲情绪表达的关系受到儿童气质的调节

注：引自Wong等人[57]。

Stelter和Halberstadt[58]也采用PBACE测量父母的情绪理念，包括认为"消极情绪有价值"、认为"积极情绪有价值"、认为"所有的情绪都具有危害性"以及认为"情绪无所谓好或者坏，它是生活的一部分"这四个维度的情绪理念，考察父母感知压力和父母情绪理念对儿童依恋安全感的影响。来自八十五个家庭的四、五年级儿童和他们父亲或母亲参与本次调查研究。结果发现，除了父母认为"情绪是生活的一部分"这一情绪理念对儿童感知的依恋安全感具有显著预测作用之外，其他三个方面的父母情绪理念均与儿童的感知安全感无显著联系。此外，父母感知的压力水平会作为调节变量，调节父母的情绪理念对儿童情绪和依恋安全感的影响大小，表现为当父母感知的压力水平较低时，父母对儿童情绪的接受和认可其价值性与儿童感知到的安全感无显著联系，而当父母的感知压力较高时，父母对儿童情绪的接受和认可其价值性与儿童感知到的安全感具有显著联系。

同样，Castro等人[59]仍然采用Halberstadt等人[53]提出的父母情绪理念的概念框架，并尝试将父母的情绪理念与社会化行为分开考察，检验父母的情绪理念、父母情绪社会化行为和父母对情绪的识别能力分别对儿童情绪识别能力的预测作用，如图3-9所示。他们采用PBACE测量父母认为积极和消极情绪有价值、父母认为儿童的情绪有危害、父母应当指导儿童的情绪表达这几个维度的情绪理念，采用观察法测量父母对儿童的情绪标签和情绪教导这两种情绪社会化行为。情绪标签指父母教会儿童识别他们的情绪体验，情绪教导指父母与孩子讨论情绪发生的原因和结果。同时，采用观察法测量父母识别儿童情绪的能力，考察父母情绪理念、父母对儿童情绪社会化的行为方式和父母对情绪的识别能力对儿童情绪识别技能的预测作用。结果表明，父母的情绪理念、情绪社会化行为和情绪识别能力总共解释儿童情绪识别能力37%的变异，由此说明父母情绪社会化对儿童情绪能力发展的重要影响。

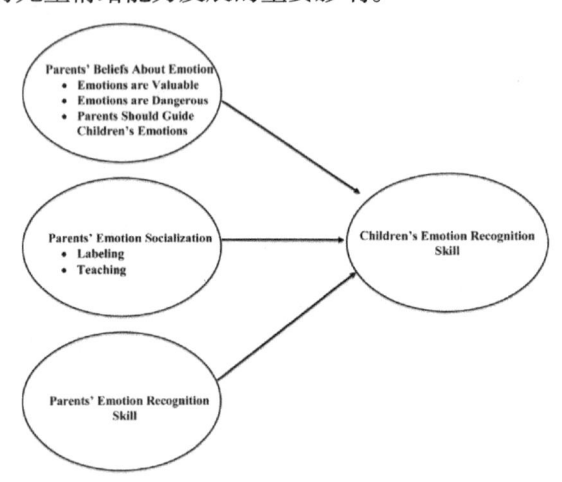

图3-9 父母情绪理念、情绪社会化行为和情绪识别对儿童情绪识别的预测模型

注：引自Castro等人[59]。

Meyer等人[54]对情绪理念进行更加精细地划分，以便和情绪社会化行为进行区分，他们结合元情绪特质量表（the Trait Meat-Mood Scale）和情绪调节问卷（Emotion Regulation Quetionnaire），测量四个方面的父母情绪理念：父母对自身情绪体验的综合理解能力能否运用于他们识别和理解孩子的情绪体验；父母对情绪的关注和接受能否转换为他们接受并理解孩子的情绪；父母对自身情绪的调节能否让他们积极参与并帮助孩子进行情绪调节；认为情绪掩饰是一种有效手段的父母多大程度上也希望孩子运用类似的方法来掩饰消极情绪。结果发现，这四个方面的情绪理念均与母亲的情绪社会化行为（对孩子消极情绪的应答和情绪表达）具有显著相关。另外，母亲的情绪理念会通过她们的情绪社会化行为作用于儿童的情绪调节。母亲对情绪的关注和认可既会通过她们的情绪应答方式影响到儿童的情绪调节，也会通过她们的积极情绪表达进而影响儿童的情绪调节。总体而言，本研究从情绪理念的两大方面——认可情绪体验的重要性和如何调节消极情绪并保持积极情绪，分别探讨它们与父母常用的情绪社会化行为方式以及儿童情绪调节之间的关联程度，揭示了父母情绪理念对父母情绪社会化行为的先行决定作用，以及它们对儿童情绪调节的直接和间接影响。

除了以上来自西方文化背景的研究，近几年，中国学者也开始关注父母情绪理念在情绪社会化中的重要角色。梁宗保等人[49]采用叶光辉及其合作者[48]编制的父母元情绪理念量表，在中国大陆341名学前儿童及其父母的样本中测量父母的情绪理念。该量表共42个项目，从情绪教导、情绪摒除、情绪不干涉和情绪紊乱这四个方面来测量父母的情绪理念。采用6点记分，要求父母对自己的情绪理念进行评估。该研究结果显示，父亲情绪教导理念能够促进儿童的社会能力发展，而父亲情绪紊乱理念则不利于儿童的社会能力发展。此外，父亲的这两种情绪理念还会通过他们的情绪表达从而间接作用于儿童的社会能力。与此相似，母亲的情绪教导和情绪紊乱理念对儿童的社会能力分别具有促进与阻碍作用，并且母亲的情绪教导理念会通过她们的积极情绪表达对儿童的社会能力起到间接促进作用。

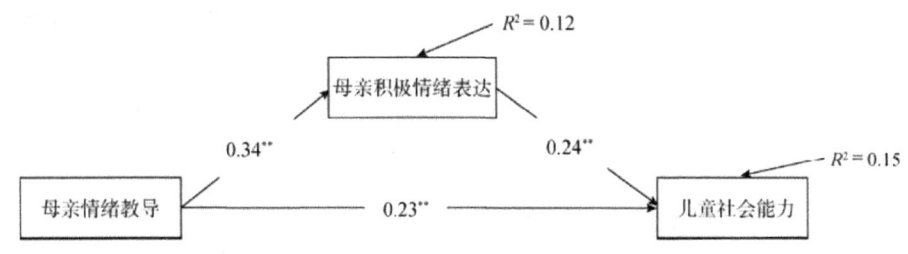

图3-10（a） 母亲积极情绪表达在母亲情绪教导与儿童社会能力之间的中介作用
注：引自梁宗保等人[49]。

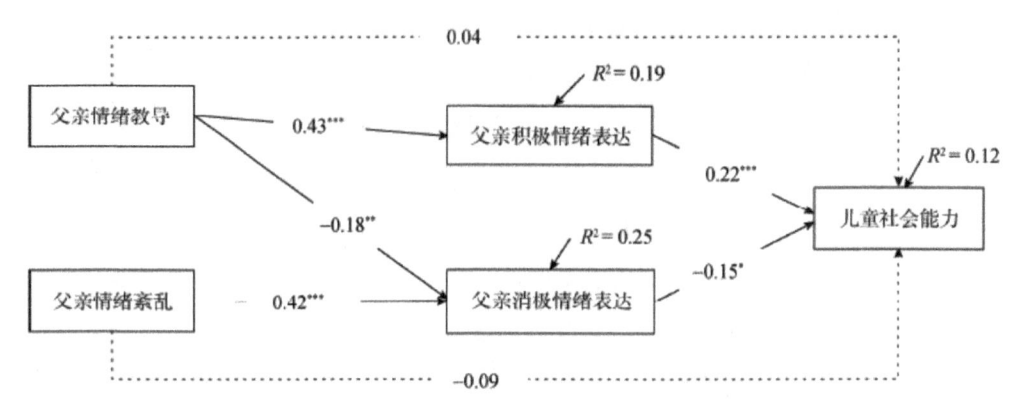

图3-10（b） 父亲情绪表达在父亲情绪教导和情绪紊乱与儿童社会能力之间的中介作用
注：引自梁宗保等人[49]。

黄会欣等人[60]以小学儿童的母亲为研究对象，考察了母亲的元情绪理念及母亲的情绪调节对儿童情绪调节能力发展的预测作用。他们发现，母亲的情绪教导理念对儿童情绪调节既有直接预测作用，同时也会以母亲情绪调节策略的缺乏为中介，对儿童情绪调节具有间接预测作用，如图3-11所示。这一发现说明母亲的情绪教导对母亲的情绪控制与情绪调节策略的运用具有促进作用，并且这将有利于孩子的情绪调节能力发展。

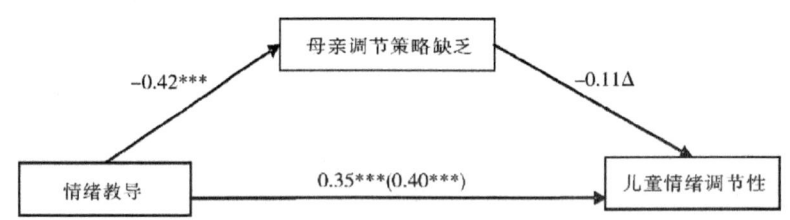

图3-11 母亲情绪调节策略缺乏在情绪教导理念与儿童情绪调节之间的中介作用
注：引自黄会欣等人[60]。

Li和同事[61]也采用了Halberstadt等人编制的父母情绪理念问卷，对来自中国东部某城市的85对学龄儿童的父亲的情绪理念进行测量。该研究从"认为孩子的消极情绪有价值"和"认为孩子的消极情绪有危害"这两个方面考察父亲的情绪理念如何作用于实时亲子互动过程中父亲的情绪表达。研究发现，在3分钟的问题解决任务中，在"认为孩子的消极情绪有危害"情绪理念上得分较高的父亲，他们在互动任务开始时积极情绪表达的水平低于在该情绪理念上得分较低的父亲。该研究发现揭示出父亲的情绪理念如何影响他们在实时亲子互动中情绪表达的动态变化，同时也有利于证实父母情绪理念在情绪社会化中的重要角色具有文化普遍性。

除了以上探讨父母情绪社会化与儿童情绪调节发展的关联机制研究以外，尚存在少数研究通过对父母情绪社会化进行干预，从而达到促进儿童情绪发展的目的。目前有一项研究采用随机实验设计，对母亲的情绪社会化行为进行干预[62]。研究者将招募的216名4—5岁学前儿童的母亲进行随机分组，一组为干预组，另一组为候选控制组（告知被试暂时被列为候选，实则为控制对照组）。干预组的母亲被要求参加六个模块的家长教养培训课程，外加两项辅助性课程。研究者分别对两组被试在干预前、干预后以及干预半年以后采用问卷法对家长的情绪觉知和调控、家长的情绪观念以及情绪社会化行为、孩子的行为进行测量。另外，161名被试（其中76名为干预组）在干预之前以及干预结束半年之后参加了亲子情绪谈话的观察实验。结果显示，相较于控制组，干预组的家长在干预之后自我报告的对情绪的觉知和调控水平以及情绪教导比干预前有了显著增长，情绪摒弃观念和行为则有了显著下降。同样，在干预结束半年后的情绪谈话中，家长对情绪的提及和对情绪起因结果的解释相较于干预前也有了显著提高。与此同时，家长和教师报告的儿童的情绪知识有了显著提高，并且他们的问题行为有了显著下降。因此，这项研究证实，通过对家长的情绪社会化行为进行恰当的干预，能够实现促进儿童情绪知识和行为的发展。

小结

本章分别从父母对儿童情绪的应答方式、父母自身的情绪表达、父母与儿童的情绪谈话以及父母的情绪观念这几个方面来阐述父母情绪社会化的具体内容与形式，以及它们与儿童情绪和社会性发展的紧密联系。未来研究可从父亲与母亲的性别角色差异、不同文化背景下的父母情绪社会化，以及基于动态的视角考察亲子互动过程中父母情绪社会化行为对儿童情绪调节的实时影响等方面来进行拓展，以期获得有价值的发现。此外，由于大量实证研究发现母亲对儿童情绪的应答和教导对儿童的情绪与行为适应具有显著影响，因此，十分有必要对母亲的情绪社会化行为进行有效干预，以此提升儿童的情绪社会化效果。

参考文献：

[1]SAARNI C. The Development of Emotional Competence[M]. New York: Guilford Press, 1999.

[2]THOMPSON R A. Socialization of emotion and emotion regulation in the family[M]//GROSS J J. Handbook of Emotion Regulation. New York: Guilford Press, 2014: 173-186.

[3]EISENBERG N, CUMBERLAND A, SPINRAD T L. Parental socialization of emotion[J]. Psychological Inquiry, 1998, 9(4): 241-273.

[4]MORRIS A S, SILK J S, STEINBERG L, et al. The role of the family context in the development of emotion regulation[J]. Social Development, 2007, 16(2): 361-388.

[5]DEOLIVEIRA C A, BAILEY H N, MORAN G, et al. Emotion socialization as a framework for understanding the development of disorganized attachment[J]. Social Development, 2004, 13(3): 437-467.

[6]GERGELY G, WATSON J S. The social biofeedback theory of parent affect mirroring: The development of emotional self-awareness and self-control in infancy[J]. International Journal of Psychoanalysis, 1996, 77(6): 1181-1212.

[7]GERGELY G, WATSON J S. Early social-emotional development: Contingency perception and the social-biofeedback model[M]// ROCHAT P. Early social cognition: Understanding others in the first months of life. Englewood Cliffs: Lawrence Erlbaum Associates, 1999, 101-136.

[8]GIANINO A, TRONICK E Z. The mutual regulation model: The infant's self and interactive regulation and coping and defensive capacities[M]// FIELD T M, MCCABE P M, SCHNEIDERMAN N. Stress and coping across development. Englewood Cliffs: Lawrence Erlbaum Associates, 1992.

[9]DUNSMORE J C, HALBERSTADT A G. How Does Family Emotional Expressiveness Affect Children's Schemas?[J]. New Directions for Child and Adolescent Development, 1997, 77: 45-68.

[10]GOTTMAN J M, KATZ L F, HOOVEN C. Parental meta-emotion philosophy and the emotional life of families: Theoretical models and preliminary data[J]. Journal of Family Psychology, 1996, 10(3): 243-268.

[11]GOTTMAN J M, KATZ L F, HOOVEN C. Meta-emotion: How families communicate emotionally[M]. Hillsdale: Lawrence Erlbaum Associates, 1997.

[12]KATZ L F, MALIKEN A C, STETTLER N M. Parental meta-emotion philosophy: A review of research and theoretical framework[J]. Child Development Perspectives, 2012, 6(4): 417-422.

[13]LUNKENHEIMER E S, SHIELDS A M, CORTINA K S. Parental emotion coaching and dismissing in family interaction[J]. Social Development, 2007, 16(2): 232-248.

[14]EISENBERG N, FABES R A, NYMAN M, et al. The relations of emotionality and

regulation to children's anger-related reactions[J]. Child Development, 1994, 65(1): 109-128.

[15]KLIEWER W, FEARNOW M D, MILLER P A. Coping socialization in middle childhood: Tests of maternal and paternal influences[J]. Child Development, 1996, 67(5): 2339-2357.

[16]DENHAM S A. Dealing with feelings: How children negotiate the worlds of emotions and social relationships[J]. Cognition, Brain, Behavior, 2007, 11(1): 1-48.

[17]O'NEAL C R, MAGAI C. Do parents respond in different ways when children feel different emotions? The emotional context of parenting[J]. Development and Psychopathology, 2005, 17(2): 467-487.

[18]FABES R A, EISENBERG N, BERNZWEIG J. The Coping with Children's Negative Emotions Scale: Procedures and Scoring[R]. Arizona State University, 1990.

[19]FABES R A, POULIN R E, EISENBERG N, et al. The coping with children's negative emotions scale (CCNES): Psychometric properties and relations with children's emotional competence[J]. Marriage & Family Review, 2002, 34 (3-4): 285-310.

[20]EISENBERG N, FABES R A, SHEPARD S A, et al. Parental reactions to children's negative emotions: Longitudinal relations to quality of children's social functioning[J]. Child Development, 1999, 70(2): 513-534.

[21]DENHAM S A, MITCHELL-COPELAND J, STRANDBERG K, et al. Parental contributions to preschoolers' emotional competence: Direct and indirect effects[J]. Motivation and Emotion, 1997, 21(1): 65-86.

[22]MCELWAIN N L, HALBERSTADT A G, VOLLING B L. Mother-and father-reported reactions to children's negative emotions: Relations to young children's emotional understanding and friendship quality[J]. Child Development, 2007, 78(5): 1407-1425.

[23]LAMB M E. The role of the father in child development[M]. Hoboken: John Wiley & Sons, 2010.

[24]LAMB M E, MALKIN C M. The development of social expectations in distress-relief sequences: A longitudinal study[J]. International Journal of Behavioral Development, 1986, 9(2): 235-249.

[25]FELDMAN R, GREENBAUM C W, YIRMIYA N. Mother-infant affect synchrony as an antecedent of the emergence of self-control[J]. Developmental Psychology, 1999, 35(1): 223-231.

[26]CALKINS S D. JOHNSON M C. Toddler regulation of distress to frustrating events: Temperamental and maternal correlates[J]. Infant Behavior and Development, 1998, 21(3): 379-395.

[27]NACHMIAS M, GUNNAR M, MANGELSDORF S, et al. Behavioral inhibition

and stress reactivity: The moderating role of attachment security[J]. Child Development, 1996, 67(2): 508-522.

[28]ROGOSCH F A, CICCHETTI D, TOTH S L. Expressed emotion in multiple subsystems of the families of toddlers with depressed mothers[J]. Development and Psychopathology, 2004, 16(3): 689-709.

[29]DENHAM S, KOCHANOFF A T. Parental contributions to preschoolers' understanding of emotion[J]. Marriage & Family Review, 2002, 34(3-4): 311-343.

[30]HALBERSTADT A G, CRISP V W, EATON K L. Family expressiveness: A retrospective and new directions for research[M]// PHILIPPOT P, FELDMAN R S. The social context of nonverbal behavior. New York: Cambridge, 1999: 109-155.

[31]YAP M B H, ALLEN N B, LADOUCEUR C D. Maternal socialization of positive affect: The impact of invalidation on adolescent emotion regulation and depressive symptomatology[J]. Child Development, 2008, 79(5): 1415-1431.

[32]LADOUCEUR C, REID L, JACQUES A. Construction and validation of the Parents' Reaction to Children's Positive Emotions Scale[J]. Canadian Journal of Behavioural Science, 2002, 34(1): 8-18.

[33]HALBERSTADT A G, DENHAM S A, DUNSMORE J C. Affective social competence[J]. Social Development, 2001, 10(1): 79-119.

[34]HALBERSTADT A G, PARKER A E, CASTRO V L. Nonverbal communication: Developmental perspectives[M]// HALL J A, KNAPP M L. Nonverbal communication. Boston: De Gruyter Mouton, 2013: 93-127.

[35]EISENBERG N, MORRIS A S. Children's emotion-related regulation[M]// Kail R, Advances in child development and behavior. Amsterdam: Academic Press, 2002: 190-229.

[36]ZEMAN J, PENZA S, SHIPMAN K, et al. Preschoolers as functionalists: The impact of social context on emotion regulation[J]. Child Study Journal, 1997, 27(1): 41-67.

[37]MIRABILE S P, OERTWIG D, HALBERSTADT A G. Parent emotion socialization and children's socioemotional adjustment: When is supportiveness no longer supportive?[J]. Social Development, 2018, 27(3): 466-481.

[38]FENG X, SHAW D S, KOVACS M, et al. Emotion regulation in preschoolers: the roles of behavioral inhibition, maternal affective behavior, and maternal depression[J]. Journal of Child Psychology and Psychiatry, 2008, 49(2): 132-141.

[39]MORRIS A S, SILK J S, MORRIS M D S, et al. The influence of mother-child

emotion regulation strategies on children's expression of anger and sadness[J]. Developmental Psychology, 2011, 47(1): 213-225.

[40]SHAW D S, SCHONBERG M, SHERRILL J. et al. Responsivity to offspring's expression of emotion among childhood-onset depressed mothers[J]. Journal of Clinical Child and Adolescent Psychology, 2006, 35(4): 490-503.

[41]CHAPLIN T M, COLE P M, ZAHN-WAXLER C. Parental socialization of emotion expression: Gender differenes and relations to child adjustment[J]. Emotion, 2005, 5(1): 80-88.

[42]SHIPMAN K L, SCHNEIDER R, FITZGERALD M M, et al. Maternal emotion socialization in maltreating and non-maltreating families: Implications for children's emotion regulation[J]. Social Development, 2007, 16(2): 268-285.

[43]MORELEN D, SUVEG C. A real-time analysis of parent-child emotion discussion: The interaction is reciprocal[J]. Journal of Family Psychology, 2012, 26(6): 998-1003.

[44]DAVIDOV M, GRUSEC J E. Untangling the links of parental responsiveness to distress and warmth to child outcomes[J]. Child Development, 2006, 77(1): 44-58.

[45]SPINRAD T L, STIFTER C A, DONELAN-MCCALL N, et al. Mothers' regulation strategies in response to toddlers' affect: Links to later emotion self-regulation[J]. Social Development, 2004, 13(1): 40-55.

[46]TAO A, ZHOU Q, WANG Y. Parental reactions to children's negative emotions: Prospective relations to Chinese children's psychological adjustment[J]. Journal of Family Psychology, 2010, 24(2): 135-144.

[47]KATZ L F, WINDECKER-NELSON B. Domestic violence, emotion coaching, and child adjustment[J]. Journal of Family Psychology, 2006, 20(1): 56-67.

[48]叶光辉,郑欣佩,杨永端.母亲的后设情绪理念对国小子女依附倾向的影响[J].中华心理学刊,2005,47(2):181-195.

[49]梁宗保,胡瑞,张光珍,等.母亲元情绪理念与学前儿童社会适应的相互作用关系[J].心理发展与教育,2012,32(4):394-401.

[50]YAP M B H, ALLEN N B, LEVE C, et al. Maternal meta-emotion philosophy and socialization of adolescent affect: The moderating role of adolescent temperament[J]. Journal of Family Psychology, 2008, 22(5): 688-700.

[51]CUNNINGHAM J N, KLIEWER W, GARNER P W. Emotion socialization, child emotion understanding and regulation, and adjustment in urban African American families: Differential associations across child gender[J]. Development and Psychopathology,

2009, 21(1): 261-283.

[52] WATERS S F, VIRMANI E A, THOMPSON R A. Emotion regulation and attachment: Unpacking two constructs and their association[J]. Journal of Psychopathology Behavioral Assessment, 2010, 32(1): 37-47.

[53] HALBERSTADT A G, THOMPSON J A, PARKERS A E, et al., Parents' emotion-related beliefs and behaviors in relation to children's coping with the 11 September 2001 terrorist attacks[J]. Infant and Child Development, 2008: 17(6): 557-580.

[54] MEYER S, RAIKES H A, VIRMANI E A. Parent emotion representations and the socialization of emotion regulation in the family[J]. International Journal of Behavioral Development, 2014, 38(2): 167-173.

[55] WONG M S, DIENER M A, ISABELLA R A. Parents' emotion related beliefs and behaviors and child grade: Associations with children's perceptions of peer competence[J]. Journal of Applied Developmental Psychology, 2008, 29(3): 175-186.

[56] DUNSMORE J C, KARN M A. Mothers' beliefs about feelings and children's emotional understanding[J]. Early Education and Development, 2001, 12(1): 117-138.

[57] WONG M S, MCELWAIN N L, HALBERSTADT A G. Parent, family, and child characteristics: Associations with mother- and father-reported emotion socialization practices[J]. Journal of Family Psychology, 2009, 23(4): 452-463.

[58] STELTER R L, HALBERSTADT A G. The interplay between parental beliefs about children's emotions and parental stress impacts children's attachment security[J]. Infant and Child Development, 2011, 20(3): 272-287.

[59] CASTRO V L, HALBERSTADT A G, LOZADA F T, et al. Parents' emotion-related beliefs, behaviors, and skills predict children's recognition of emotion[J]. Infant and Child Development, 2015, 24(1): 1-22.

[60] 黄会欣,李银玲,张锋,等.母亲元情绪理念与儿童情绪调节能力发展的关系：母亲情绪调节的中介作用[J].应用心理学, 2013, 19(2): 126-135.

[61] LI D, LI X. Within-and between-individual variation in fathers' emotional expressivity in Chinese families: Contributions of children's emotional expressivity and fathers' emotion-related beliefs and perceptions[J]. Social Development, 2019.

[62] HAVIGHURST S S, WILSON K R, HARLEY A E., et al. Tuning in to kids: Improving emotion socialization practices in parents of preschool children-findings from a community trial[J]. Journal of Child Psychology and Psychiatry, 2010, 51(12): 1342-1350.

第四章

父母自身的情绪调节

无论是先天的遗传作用,或是后天的环境影响与塑造,父母自身的情绪调节是子女的情绪调节发展的重要影响因素。儿童通过观察习得父母的榜样示范行为,从而发展出与父母相似的情绪调节行为模式。父母的情绪调节也会通过父母的其他养育行为,如教养行为、情绪社会化行为等间接影响儿童的情绪调节发展。

第一节 父母情绪调节的定义与测量

一、父母情绪调节的定义

尽管情绪调节的定义具有多样性，但大多数研究者比较一致认为情绪调节是指对情绪反应进行调控和引导的过程[1-2]。不同个体在情绪调节上的差异性可能是由于他们在气质上的差异[3]。然而，一些环境因素（尤其是照料者的行为）在儿童情绪调节的发展中扮演着十分重要的角色，尤其当他们处于婴儿时期[4-5]。实证研究表明，当孩子处于学步期时，母亲会采用多种多样的策略来帮助他们应对挑战性情境[6-7]，并且她们所采用的策略与儿童的年龄和消极反应水平具有联系。具体来说，Grolnick等人[6]发现，随着孩子年龄增长，母亲主动参与策略的使用会降低，并且母亲主动参与策略与孩子更高水平的消极反应呈正相关。

尽管预期母亲调节策略的使用会促使儿童成功调节自己的情绪和情绪表达，然而，不同的策略却有着不同的作用效果。母亲安抚儿童或者对面临的情况或情绪进行解释往往能够促进儿童的情绪控制发展，因此，母亲安抚或接受儿童的情绪表达会为儿童提供一种情感氛围，在其中他们感到能够自由地表达多种情绪，并且在母亲的辅助下学习如何应对挑战性情境[1,8-9]。由于这些儿童受到鼓励去表达自己的情绪，他们对情绪和情绪调节会拥有更好的理解能力。然而，安抚策略未必是最佳的情绪调节策略，因为它仅体现为母亲关注于孩子的情绪本身，而不是如何采用策略来减少他们的消极情绪。在Denham的研究中[10]，学前儿童感知到父母采用的安抚应答与儿童在同伴交往中的情绪能力具有显著正相关，从而说明安抚策略确实不失为一个有效的情绪调节策略。

另外，母亲对情绪或相关事件进行解释，也是帮助孩子应对情绪的有效策略。母亲的解释能够让孩子学习如何清楚地表达并理解自己的情绪状态，以及如何采用合适的方式来对这种情绪状态进行应答。也许母亲的解释对于学步期的孩子来说有点困难，因为他们还没有达到能够完全理解社会性情绪的水平，这其实与发展心理学里经典的"最近发展区"是相一致的[11]。也正因如此，孩子才能认识到更多成熟复杂的情绪调节策略，并在与他人交往过程中学会使用这些策略[5,9,12]。

除此之外，还存在一些其它的调节策略，它们对儿童未来的情绪调节发展则具有不利影响。例如，父母可能会以质问的方式来应对孩子的情绪（例如，你干吗要哭啊），实际上是对孩子情绪体验合理性的否定与轻视。时间一长，这些孩子就会习惯于掩藏他们的情绪，尽管他们仍然会体验高强度的焦虑或者其他消极情绪，但他们极有可能拒绝学习使用有效策略来应对情绪[4,13]。母亲还有可能对孩子的情绪表现出妥协让步，而不是试图去调节他们的情绪。这种应对策略阻断了孩子对消极情绪的体验与学习应对技能，从而干涉了孩子的情绪调节发展。此外，完全屈从于孩子的意愿往往会适得其反，会让孩子反复不断地陷入消极情绪之中。

另外还有一项母亲对学步期儿童常用的调节策略，就是分散注意力。有些研究发现，分散注意力能够有效减少儿童的消极情绪并且控制他们的行为[14-15]。例如，在注射非常疼痛的疫苗时，母亲使用分散注意力比采用安抚策略更能减轻儿童的痛苦反应[14]。然而，Grolnick等人[6]却发现，母亲采用更多的主动参与分散注意力策略，孩子在独立进行情绪调节时会感受到更多的痛苦反应。因此，仍需更多的研究对分心这一策略的作用效果进行探讨。

Spinrad等人[16]的研究采用一项纵向研究考察学步期儿童的母亲所采用的情绪调节策略与儿童发展到五岁时情绪调节能力的关联。总共43对母亲与学步期儿童参与研究，母亲和儿童分别在18个月和30个月的时候共同参与一项清理房间的亲子互动任务，观察者对母亲情绪调节策略使用进行观察与编码。在儿童5岁时，研究者采用一项失望任务来引发儿童的消极情绪，并以此观察儿童采用的情绪调节策略。相关分析表明，母亲在儿童18个月时采用的情绪调节策略与儿童五岁时的情绪调节策略使用更具有显著相关，而母亲在儿童30个月时使用的情绪调节策略则与儿童五岁时的情绪调节无显著相关。母亲的安抚情绪策略能够促进儿童情绪调节策略的使用，而母亲的分心策略则与儿童五岁时分心策略的使用呈负相关。

二、父母情绪调节的测量

（一）父母情绪调节困难量表（DERS）

目前，现有研究对父母情绪调节的测量主要以问卷法自我报告为主。Gratz和Roemer[17]编制的情绪调节困难量表（Difficulties in Emotion Regulation Scale, DERS）目前已被引用四千六百多次。他们提出，情绪调节的概念框架应该包含这几个方面的内容：（1）感知并理解情绪；（2）接受情绪；（3）受到负性情绪困扰时，有能力控制自己的冲动行为并表现出符合预期目标的行为；（4）能够灵活使用情境所需的情绪调节策略来调节自己的情绪反应，以符合个人预期的目标和情境的需求。个体在这几个

方面上的缺失则反映了他们在情绪调节上存在困难,即出现情绪失调。基于该概念框架,Gratz和Roemer编制的情绪调节困难量表总共包含36个题目,共分为六个维度,分别为:对情绪不能接受(Noacceptance)、无法进行目标明确的行为(Goals)、冲动行为(Impulse)、缺乏对情绪的觉知(Awareness)、情绪调节策略的使用困难(Strategy)和对情绪的清晰认知(Clarity)。父母按照五点评分(1 = 从不,5 = 一直这样)来评估每个题项描述与自己的符合程度。该研究中,这六个维度之间均具有中等程度以上的两两相关,如表4-1所示。每个分量表均具有较好的内部一致性系数,题总相关和题项之间相关程度也较高,如表4-2所示。此外,Gratz和Roemer的研究中显示该量表具有较好的效标关联效度。

表4-1 情绪调节困难六个分量表之间的相关关系

维度	1	2	3	4	5	6
1 不接受	—					
2 目标行为	.33***	—				
3 冲动	.39***	.50***	—			
4 情绪觉知	.14**	.08	.22**	—		
5 策略使用	.63***	.62***	.61***	.16**	—	
6 清晰认知	.44***	.32***	.39***	.46***	.49***	—

注:***$p < .001$,**$p < .01$,引自Gratz等人[17]。

表4-2 情绪调节困难六个分量表的内部一致性系数和相关

维度	题项数	α系数	题总相关	题项间相关
1 不接受	6	.85	.52-.71	.33-.67
2 目标行为	5	.89	.59-.81	.47-.75
3 冲动	6	.86	.45-.76	.31-.73
4 情绪感知	6	.80	.49-.67	.29-.64
5 策略使用	8	.88	.46-.75	.27-.69
6 清晰认知	5	.84	.56-.71	.39-.67

注:***$p < .001$,**$p < .01$,引自Gratz等人[17]。

作为集体主义文化的典型代表,中国社会非常看重人际和谐,从而强调对情绪的克制与约束[18]。此外,研究发现,与西方人群相比,受集体主义文化导向的个体在经历负性情绪时更多会采用表达抑制策略[19]。尽管表达抑制在西方人群中被证实为一种非适应性的情绪调节策略,不仅不利于情绪调节,反而会导致负性情绪的堆积。然而，在中国样本中，表达抑制却不失为一种有效的情绪调节策略[20]。尽管集体主义与个体主义文化在情绪调节策略上存在着文化差异，却少有研究探讨在个体主义文化中普遍使用的情绪调节测量工具是否适用于中国文化样本。对于DERS在中国样本中的信效度调查将有利于我们了解这一测量工具在中西方文化中的差异性，同时也能够为中国成人样本提供一个规范可靠的情绪调节测量工具，并在此基础上展开更多的情绪调节研究。

基于此，Li等人以862名中国成年人为样本，修订了DERS的中文版[21]。通过探索性和验证性因素分析删除了四个因子载荷过低的题目之后，保留剩下的32个题项。结构效度分析表明，六因素模型为最佳拟合模型。也就是说，在情绪调节的因子结构上，中国样本表现出与西方一致的结果。

表4-3 情绪调节量表中文修订版六因子模型拟合指数

Model	χ^2	df	RMSEA	CFI	TLI	SRMR
六因子模型	598.911*	319	.065	.908	.856	.037

注：*$p < .05$，引自Li等人[21]。

此外，中文版DERS的内部一致性系数以及重复测量一致性系数也较好，如表4-4所示。通过与心理病理性症状以及对负性情绪的自我调节等效标进行对比，DERS的各个分量表均与病理症状和负性情绪调节具有较强程度的相关，尽管情绪觉知分量表与病理症状的相关较弱，见表4-5。另外，该量表的聚合效度也显示良好，多数分量表与人格特质、情绪智力、自控能力具有显著相关，如表4-6所示。Li等人[21]已将中文版量表题目以补充材料形式发表。

表4-4 情绪调节量表中文修订版的内部一致性系数 ($N = 210$)

维度	题项数	α系数	各题项之间的相关	重复测量信度
1 清晰认知（Clarity）	4	.68	.39–.64	.58
2 情绪感知（Awareness）	5	.77	.33–.70	.81
3 冲动（Impulse）	6	.89	.41–.83	.79
4 不接受（Nonacceptance）	5	.76	.43–.62	.76
5 目标行为（Goals）	5	.88	.55–.79	.73
6 策略使用（Strategy）	7	.81	.44–.59	.87

注：引自Li等人[21]。

表4-5 情绪调节六个分量表与病理症状、负性情绪调节的相关

Scale	DERS	Clarity	Awareness	Impulse	Nonacceptance	Goals	Strategy	M	SD
NMR	−.540**	−.383**	−.217**	−.322**	−.219**	−.315**	−.575**	4.26	.56
SCL-90	.495**	.376**	.035	.372**	.343**	.240**	.518**	1.77	.56
Somatization	.330**	.245**	.108	.219**	.287**	.140*	.291**	1.59	.61
Compulsion	.478**	.380**	.063	.328**	.347**	.227**	.490**	1.70	.66
Sensitivity	.470**	.355**	.016	.375**	.285**	.263**	.482**	2.12	.69
Depression	.451**	.325**	.029	.350**	.250**	.238**	.494**	1.93	.73
Anxiety	.418**	.243**	−.062	.328**	.277**	.231**	.517**	1.96	.70
Hostility	.431**	.370**	.010	.329**	.264**	.205**	.474**	1.66	.59
Phobia	.395**	.308**	−.055	.321**	.250**	.225**	.437**	1.80	.67
Delusion	.504**	.398**	.034	.439**	.406**	.195**	.473**	1.63	.69
Psychosis	.399**	.341**	.056	.235**	.342**	.218**	.380**	1.45	.56
Addition	.301**	.254**	.084	.220**	.259**	.051	.312**	1.72	.62
M	2.26	1.97	2.42	2.10	1.97	2.77	2.27		
SD	.46	.57	.73	.76	.64	.84	.69		

注：*$p < .05$，**$p < .01$，引自Li等人[21]。

表4-6 DERS六个分量表与人格特质、情绪智力和自我控制的相关

Variable	DERS	Clarity	Awareness	Impulse	Nonacceptance	Goals	Strategy	M	SD
Age	−.059	−.021	.119**	−.127**	.004	−.140**	−.060	31.77	6.469
Gender	−.011	−.046	.069	−.014	−.066	−.008	.000		
Extraversion	−.335**	−.200**	.029	−.301**	−.055	−.312**	−.397**	3.69	.50
Openness	−.219**	−.149**	−.269**	−.099**	−.024	−.118**	−.143**	3.24	.45
Agreeableness	−.287**	−.186**	.078*	−.338**	−.112**	−.273**	−.246**	3.74	.37
Conscientiousness	−.483**	−.308**	−.117**	−.385**	−.096*	−.465**	−.420**	3.81	.48
Neuroticism	.614**	.396**	−.045	.521**	.307**	.496**	.604**	2.35	.60
WLEIS	−.473**	−.299**	−.214**	−.374**	−.093**	−.367**	−.399**	3.99	.49
Self emotion reappraisal	−.378**	−.339**	−.271**	−.217**	−.089*	−.237**	−.270**	4.09	.43
Others' emotion reappraisal	−.215**	−.170**	−.199**	−.142**	.022	−.147**	−.166**	3.93	.65
Regulation of emotion	−.466**	−.203**	−.031	−.497**	−.160**	−.390**	−.419**	3.86	.71
Use of emotion	−.356**	−.194**	−.160**	−.248**	−.042	−.324**	−.336**	4.09	.61
SCS	−.561**	−.288**	.010	−.531**	−.231**	−.508**	−.513**	3.71	.43

注：引自Li等人[21]。

然而，Bardeen等人认为，DERS却存在不少弊端，须进一步完善[22]。首先，Bardeen等人提出，既然Gratz等人认为DERS所包含的分量表应该共属于"情绪调节失调"这一概念结构，那么，每个分量表之间应当存在显著的相关并且能够聚合成一个共同的概念框架。然而，Gratz和Roemer的研究中，尽管其他五个分量表之间具有中度到高度相关（相关系数大小介于0.32至0.63之间），其中"情绪觉知（Awareness）"分量表却仅与其他几个分量表具有较低程度的相关（相关系数大小介于0.08至0.46），并且这种较低程度的相关在其他研究中也得到重复验证。例如，Neumann等人[23]在青少年样本中发现，情绪觉知分量表与其他五个分量表的相关程度极低（−0.09至0.10），而其他几个分量表之间的相关系数仍介于0.34至0.54之间。而在成人样本中，Tull等人[24-25]也发现，情绪觉知分维度与其余五个维度均无显著相关，而这五个分量表之间则具有显著相关。

除了与其他几个分量表的相关程度较低以外，情绪觉知分量表与情绪调节密切关联的几个概念之间也表现出一定的分歧度。例如，Salters-Pedneault等人[26]的研究发

现，DERS的六个分维度中，只有情绪觉知这一维度对大学生的一般焦虑症状没有显著预测作用。此外，Soenke等人[27]提出，童年期具有虐待经历的儿童是不太可能发展出适应性情绪调节能力的。因此，童年期的虐待经历应当作为情绪调节的一个显著预测因素。然而，Soenke等人发现，除了情绪觉知以外的其余五个维度均与童年期情绪虐待具有显著相关[27]。Tull等人[25]认为，行为抑制系统是控制个体抑制或回避行为的神经系统，该系统的功能会直接决定个体的情绪调节功能。然而，在与该抑制系统的关联度上，情绪觉知分量表再次出现了分歧性，表现出与该抑制系统无显著关联，而其余五个分维度与行为抑制系统具有正相关。

基于以上关于DERS信效度的发现，Bardeen等人[22]认为，情绪觉知这一分维度与其余几个分维度无法聚合成统一的概念框架，从而反映出情绪觉知可能无法真正测量到情绪调节的实质性概念内涵。因此，Bardeen等人[22]对DERS进行了修订，主要体现为将原先量表中的情绪感知（Awareness）分量表去除，保留剩余的五个分量表，因此修订后量表（DERS-R）的总题项数为30个。

为了将DERS更广泛地运用于临床及病理学领域的研究中，考虑到测量成本等因素，Bjureberg等人[28]试图修订简短版的DERS并对其测量学属性进行评估。此次修订不仅去除了情绪感知（Awareness）这一分量表，同时对剩余的题项进行精简，最终将题项的数目缩减到16个，从而生成简版的情绪调节困难量表（见本书附录四）。

（二）情绪调节问卷（ERQ）

另外，也有少量研究采用Gross和John[19]编制的情绪调节问卷（The Emotion Regulation Questionnaire, ERQ）来测量父母的情绪调节[29]。该量表共10个题项，其中6个题测量认知重评策略（如，当我产生负性情绪时，我会试着去改变当时的思考方式），另外4个题测量表达抑制策略（如，我会克制情绪）。父母通过五点评分（1 = 非常不符合，5 = 非常符合）来评定每个题目描述与自己的符合程度。该量表题项见本书附录五。

情绪调节问卷是以过程导向的情绪调节概念模型为理论基础的[30]。该模型认为，对情绪刺激物的评估导致个体产生应对性的行为或生理反应，进而促使个体对该情绪刺激产生适应性或非适应性的情绪反应，这一系列的情绪调节过程可依次按照以下五个部分顺序进行：情境选择、情境调节、注意资源配置、认知重组和反应调控。基于这一概念模型，Gross和John提出两种情绪调节的策略[19]：表达抑制和认知重评，即对情绪的表达进行抑制以及对情绪刺激情境进行重新认知与评估。实证研究发现，认知

重评为一种有效的情绪调节策略，而表达抑制则为非适应性的策略[31]。

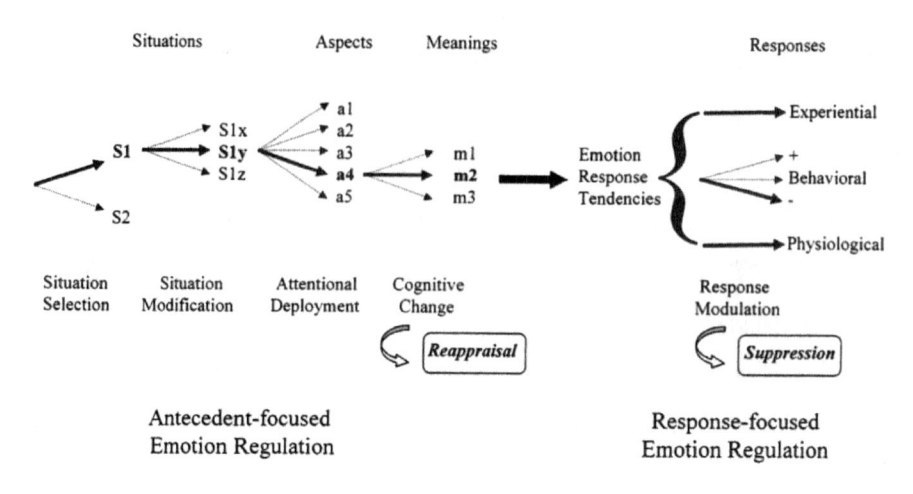

图4-1 情绪调节的过程模型

注：引自Gross和John[19]。

第二节 父母情绪调节与孩子情绪调节的直接联系

研究者指出，要想能够为孩子提供科学有效的情绪社会化榜样与规范，父母自身必须拥有足够的情绪理解能力，以及有效管理与调控自己情绪的能力。既如此，父母情绪失调极有可能造成他们不恰当的情绪表达和情绪体验，从而造成孩子情绪相关发展结果的缺失以及亲子关系出现问题[32]。目前大量的实证研究能够为这一理论假设提供支持。例如，父母对孩子情绪表达所给予的不恰当的同步反应，以及受到家庭冲突影响的父母无法恢复其正常的积极情绪，这样的情况往往常见于父母情绪失调的家庭中，并且最终会导致儿童的社会、行为和情绪能力发展不良[33-34]。

大量研究证据表明，父母情绪社会化对儿童情绪调节能力的发展至关重要。许多情绪调节的理论学家指出，孩子会以父母为榜样和社会参照，从而对父母的情绪调节行为进行模仿[35-36]。例如，Morris等人[36]的理论框架里强调观察学习图式对于儿童情绪调节习得的重要性，他们认为，父母自身的情绪表达和情绪调节是孩子模仿学习的范本。Morris等人[36]还提出，父母的情绪调节能力密切影响着家庭的情绪氛围，并且决定孩子能否恰当准确的进行情绪表达，如正负性情绪、情绪的持续时间与强度等。Thompson[2]也提出假说认为，通过与照料者持续频繁的接触，孩子能够感知并模仿照料者对情绪的压抑，并从照料者身上习得这种情绪管理办法，最终当他们身处于情绪引发情境中时，开始学会使用类似的策略来应对。

这些理论也适用于病理性发展研究领域。Cole等人[37]提出假说观点，认为孩子通过图式内化法从父母那里习得相似的情绪调节策略。研究者指出，具有某种病理症状的父母会表现出情绪失调，他们并不具备引导孩子进行有效情绪调节的技能，也无法为孩子提供有利的情绪调节参照模板。此外，研究者认为，父母的情绪表达同样反映了他们的情绪调节能力。时常表现出积极情绪的父母往往习惯于使用恰当并有效的情绪调节策略，而频繁表现出消极情绪的父母则往往并不擅长于使用有效的调节策略。

目前已有大量实证研究对以上理论观点进行验证，这些研究发现一致支持父母情绪调节与儿童情绪调节之间存在的直接关联。在Silk等人[38]的研究中，对儿童期开始患有抑郁症的母亲与无抑郁病史的母亲及他们的子女进行调查，采用延迟等待任务诱发孩子的负性情绪。延迟等待任务可用于评估孩子一边做着不那么有趣的事情打发时间，一边又必须等待自己期望的结果时，孩子对情绪的调控能力（如等待母亲挂掉手中的电话）。该研究中，实验者设定让4岁的孩子等待的目标物为饼干，5—7岁孩子等待的目标物为玩具。实验室里没有任何玩具，母亲也被实验者要求坐下来填写一些问卷。同时，实验者交给母亲一个透明的袋子，里面放着孩子想要的饼干或玩具，并交代母亲将袋子放在儿童视线范围以内、却又无法触及的地方。四岁儿童的等待时间为3分钟，5—7岁儿童等待的时间为7分钟。任务结束后，实验者示意母亲可将饼干或玩具分给孩子。经检验，结果表明，与母亲没有抑郁病史的孩子相比，母亲患有抑郁的孩子在任务中更多采取被动等待的策略，而不是主动采取分散注意力（一种适应性有效的情绪调节策略）的方式。针对这一发现，Silk等人[38]认为，患有抑郁的母亲为孩子塑造了消极以及惩罚式的情绪氛围，在这种环境中成长的儿童并不擅长采用适应性的情绪调节策略。然而，由于该研究并未对母亲的情绪调节风格进行测量，因此，这一推论将有待进一步验证。

另一项研究同样对抑郁与非抑郁母亲进行比较研究，对母亲情绪调节策略的使用进行了测量[39]。被试为8—13岁儿童，采用假想情境法，要求儿童与母亲分别报告，当他们遇到令人伤心的情况时，会做出怎样的情绪调节反应。研究者分别对母亲与儿童所使用情绪调节的种类数与有效程度进行评估。结果表明，抑郁母亲与她们的孩子所使用的情绪调节种类数目与有效程度显著地低于非抑郁母亲与她们的孩子。

同样，另有一些研究对母亲的自我调节和意志控制与儿童情绪调节之间的联系展开探讨。例如，Bridgett等人[40]的研究采用纵向追踪法，考察母亲的意志控制对婴儿自我调节以及对他们在学步期意志控制的发展的影响。母亲的意志控制能力在婴儿4个月大的时候进行自我报告，婴儿的自我调节能力分别在他们4个月、6个月、8个月、10个月和12个月进行测量，他们的意志控制能力在18个月学步期时进行测量。结果表明，母亲的意志控制与婴儿自我调节具有显著联系，同时能够纵向预测学步期儿童的意志控制。Bridgett等人[41]的研究考察了母亲的自我调节能力、家庭无秩序状况和父母的关系适应性对婴儿负性情绪性的预测作用。85名母亲照料者和4个月大的孩子参与本次调查。结果显示，母亲的自我调节能力越好，孩子的总体负性情绪性水平越低，同时婴儿对挫折或限制的痛苦反应程度也越低，并且表现出较好的情绪调节能力。此外，母亲的自我调节还会通过家庭无秩序性和母亲的关系适应性对婴儿的负性情绪性产生间接影响，表现为母亲的自我调节会负向预测家庭无秩序性，正向预测母亲的关系适应性，最终与婴儿的负性情绪性产生间接联系。

另一项研究同样考察了父母情绪调节与儿童情绪调节以及内外化问题行为之间的联系[42]。该研究对64名8—11岁的儿童与父母进行调查，采用问卷法测量父母的情绪调节，同时采用问卷报告和行为观察法对儿童的情绪调节进行多重方法测量，并采用个体中心方法对不同测量方法所获得的儿童情绪调节进行类别分析。结果表明，个体中心的儿童情绪调节可分为两个类别：14名青少年归属于类别一，表现为母亲报告和行为观察的负性情绪得分较高，但自我报告负性情绪调节不良得分较低；剩余44名青少年归属于类别二，表现为与类别一相反，即母亲报告和行为观察的负性情绪得分较低，而自我报告的负性情绪调节不当得分较高。另外，这两种情绪调节类别对母亲情绪调节能力与儿童内化问题行为之间的关联具有调节作用，表现为类别一的青少年其母亲情绪失调负向预测他们的内化问题行为，而类别二的青少年其母亲情绪失调正向预测他们的内化问题行为。

少数研究同时考察了父亲与母亲的情绪调节与子女情绪调节的联系。Gunzenhauser等人[43]采用Gross和John编制的情绪调节问卷[19]，测量101位父亲和母亲的情绪调节策略，以及采用该问卷的父母报告版本，测量儿童的情绪调节策略。结果表明，控制了父母的性别、儿童的性别与年龄后，父母的认知重评策略得分显著预测儿童在该策略上的得分，父母表达抑制策略的使用也能显著预测儿童对该策略的使用，并负向预测儿童对认知重评策略的使用。

以上研究多采用横断设计考察父母情绪调节与儿童情绪调节之间的联系，另外仍有研究采用长期纵向追踪设计，检验青少年早期父母的情绪调节对儿童横跨青少年早期至成年早期的情绪发展的影响[44]，如图4-2所示。采用问卷报告对图4-2中各个变量进行测量。结果表明，青少年早期父母的情绪失调既会直接影响儿子在青少年晚期的情绪失调，也会通过父母关系冲突和父母对儿子的不利教导间接影响儿子的情绪失调。

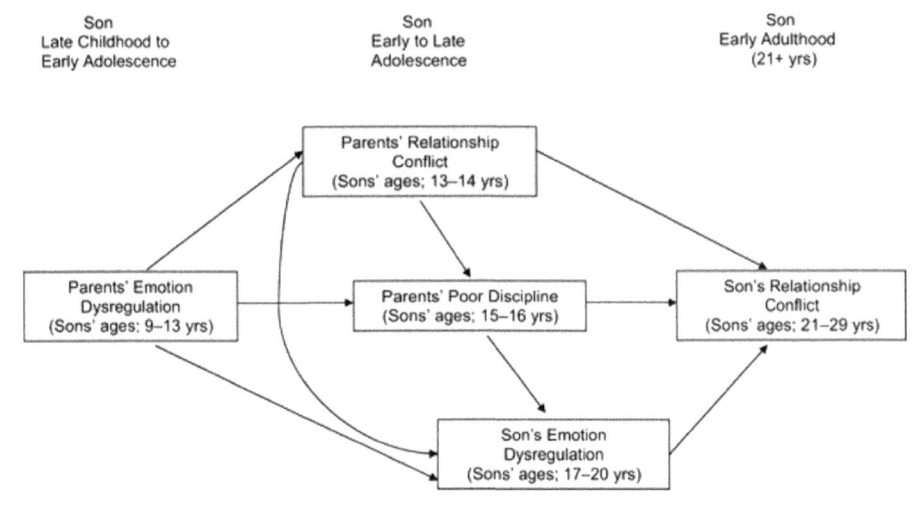

图4-2　父母情绪失调对儿子情绪调节和关系冲突的纵向预测

注：引自Kim等人[44]。

第三节　父母情绪调节与孩子情绪调节的间接联系

　　父母的情绪调节能力除了会直接作用于孩子的情绪调节发展以外，也会通过其他一些中介机制间接作用于孩子的情绪调节。Sarıtaş等人[45]的研究探讨了温暖和严厉父母教养方式在母亲与青少年情绪调节之间的中介作用。他们认为，母亲情绪失调会在她们对孩子的教养行为中得以明确体现，并且情绪失调的父母往往更加可能使用消极教养的方式。Dix和Meunier[46]的研究发现，患有抑郁的父母比起正常父母更加不会时常关注孩子的成长，相反，他们更倾向于将自身的遭遇归咎为孩子和自己的无能，从而在教养过程中表现出消极情感大于积极情感，并更加频繁地使用惩罚性的教养行为。这些因素最终会导致亲子之间形成严苛而又敌意性的互动模式，从而最终造成儿童情绪调节的困难。

　　大量的证据表明，敌意型和拒绝型的父母更有可能为孩子的情绪调节带来问题。非安全型依恋的儿童，在面对自己的负性情绪时，总是无法做出恰当的情绪表达或克

制行为[47-48]。父母表现出的拒绝程度越高，孩子所承受的压力就越大，这些不利影响都会造成孩子神经生理系统无法对压力和负性情绪做出恰当的调节[49]。敌意型父母自身也无法为孩子做出有效应对压力的表率[4]。此外，过于消极和惩罚性的教养行为会增加儿童与青少年痛苦情绪体验，从而使他们面对负性情绪时只知道逃避，并不懂得如何进行恰当表达[50-51]。相反，假如父母能够对子女的需求给以及时关注和回应，子女的消极情绪自然会得到缓释从而能够更好地应对不利处境[52]。基于以上证据，Sarıtaş等人[45]推断，敌意型父母教养行为在父母与子女的情绪调节之间起着中介作用。因此，他们采用问卷调查法，对395名青少年及母亲的情绪调节和母亲的教养行为进行考察。如图4-3所示，结果表明，由青少年和母亲分别报告的母亲拒绝和母亲温暖分别在母亲情绪失调与青少年情绪失调之间起着中介作用。

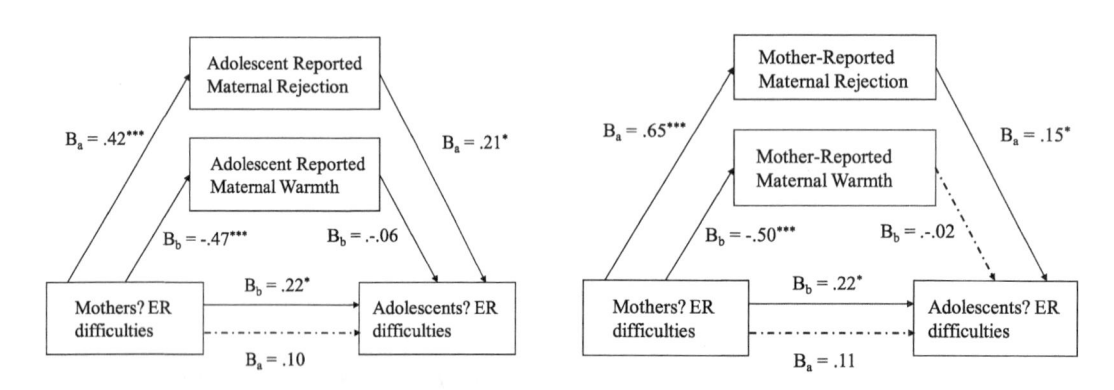

图4-3 母亲温暖和拒绝在母亲情绪失调与青少年情绪失调之间的中介作用

注：***$p < .001$，*$p < .05$，引自Sarıtaş等人[45]。

此外，也有大量研究一致证实母亲对情绪的调节能力与儿童情绪调节之间具有正向联系。例如，Buckholdt等人[53]提出自己的假设模型，认为父母的情绪失调会造成母亲对子女情绪表达的不认可，并进一步对子女的情绪调节和问题形成产生间接影响。该研究的被试为80名青少年与他们的父亲或母亲，采用Gratz和Roemer编制的情绪调节困难量表[17]测量父母与青少年的情绪调节能力，采用情绪社会化量表（EAC）[54]，由青少年报告母亲对青少年情绪表达的反应性，包含五个方面：惩罚、奖赏、忽视、否定和夸大，将这五种反应的分数进行汇总，构成母亲对青少年情绪的不认可程度。结果表明，父母在情绪失调上的得分越高，他们越频繁表现出对青少年情绪的不认可，并最终导致子女在情绪失调上的得分更高。父母对子女情绪不认可的中介效应在图4-4中可体现。

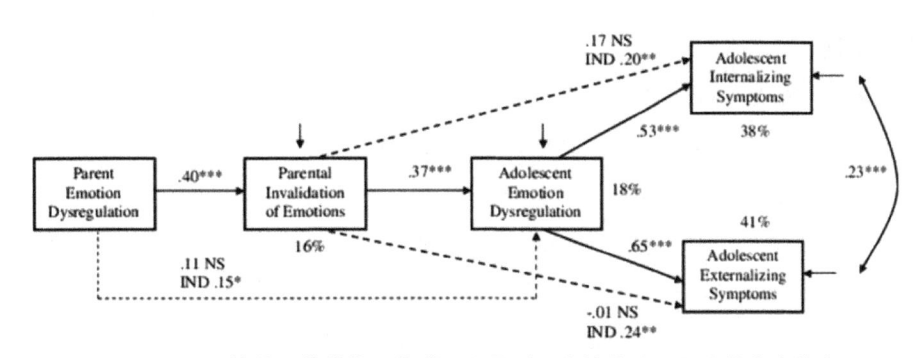

图4-4 父母情绪调节的代际传递：父母对子女情绪认可程度的中介效应

注：引自Buckholdt等人[53]。

Li等人在中国样本中探讨了父母如何通过情绪社会化行为，将自己的情绪调节能力传递给儿童[55]。该研究对来自118个家庭的父亲、母亲和学龄儿童进行调查。父亲和母亲的情绪调节能力采用自我报告法进行测量，同时父亲和母亲分别报告他们各自的情绪应答方式以及儿童的情绪调节和不稳。如图4-5所示，母亲的非支持性应答与父亲的支持性应答分别在母亲的情绪失调与父亲报告的儿童情绪调节能力之间具有中介作用。同时，父亲的支持性应答在父亲的情绪失调与父亲报告儿童的情绪调节能力之间也具有中介作用。父母情绪应答在父母情绪失调与儿童的情绪不稳之间并无显著的中介作用。从而说明，父母的情绪失调不仅会通过自身的情绪社会化行为间接传递至儿童的情绪调节，同时也会通过配偶的情绪社会化行为传递至儿童。

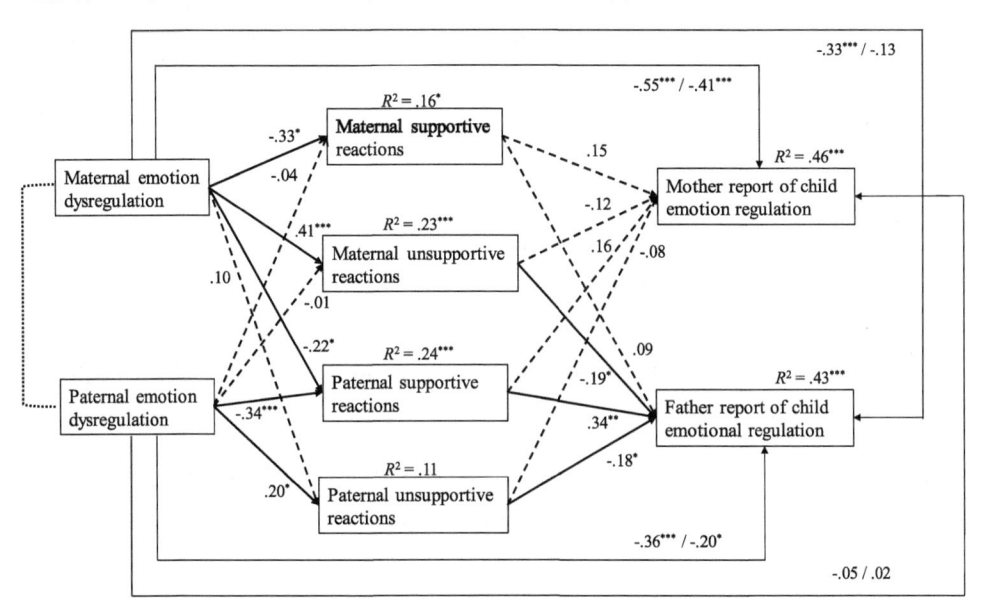

图4-5 父母情绪应答在父母情绪失调与儿童情绪调节之间的中介作用

注：***$p < .001$，**$p < .01$，*$p < .05$，引自Li等人[55]。

参考文献：

[1] BRIDGES L J. GROLNICK W S. The development of emotional self-regulation in infancy and early childhood[M]// EISENBERG N. Review of personality and psychology. Newbury Park: Sage Publications, 1995: 185-211.

[2] THOMPSON R A. Emotion regulation: A theme in search of definition[J]. Monographs of Society for Research in Child Development, 1994, 59 (2-3): 25-52.

[3] ROTHBART M K. BATES J E. Temperament[M]// DAMON W, EISENBERG N. Handbook of child psychology: Volume 3 Social, emotional and personality development. New York: Wiley, 1998: 105-176.

[4] GOTTMAN J M, KATZ L F, HOOVEN C. Parental meta-emotion philosophy and the emotional life of families: theoretical models and preliminary data[J]. Journal of Family Psychology, 1996, 10(3): 243-268.

[5] KOPP C B. Regulation of distress and negative emotions: A development review[J]. Developmental Psychology, 1989, 25(3): 343-354.

[6] GROLNICK W S, KUROWSKI C O, MCMENAMY J M. Mothers' strategies for regulating their toddlers' distress[J]. Infant Behavior and Development, 1998, 21(3): 437-450.

[7] STANSBURY K, SIGMAN M. Responses of preschoolers in two frustrating episodes: Emergence of complex strategies for emotion regulation[J]. The Journal of Genetic Psychology, 2000, 16(2): 182-202.

[8] CASSIDY, J. Emotion regulation: influences of attachment relationships[J]. Monographs of the Society for Research in Child Development, 1994, 59(2-3): 228-249.

[9] THOMPSON R A. Emotion and self-regulation[M]// THOMPSON R A. Socioemotional development. Lincoln: University of Nebraska Press, 1990: 367-467.

[10] DENHAM S A, MITCHELL-COPELAND J, STRANDBERG K, et al. Parental contributions to preschoolers' emotional competence: Direct and indirect effects[J]. Motivation and Emotion, 1997, 21(1): 65-86.

[11] VYGOTSKY L S. Thought and language[M]. Cambridge: MIT Press, 1962.

[12] DENHAM S A. Emotional development in young children[M]. New York: The Guilford Press, 1998.

[13] EISENBERG N, FABES R A, GUTHRIE I K, et al. The relations of regulation and emotionality to problem behavior in elementary school children[J]. Development and Psychopathology

1996, 8(1): 141-162.

[14] GONZALES J C, ROUTH D K, ARMSTRONG F D. Effects of maternal distraction versus reassurance on children's reactions to injections[J]. Journal of Pediatric Psychology, 1993, 18(5): 593-604.

[15] PUTNAM S P, SPRITZ B L, STIFTER C A. Mother-child coregulation during delay of gratification at 30 months[J]. Infancy, 2002, 3(2): 209-225.

[16] SPINRAD T L, STIFTER C A, DONELAN-MCCALL N, et al. Mothers' regulation strategies in response to toddlers' affect: Links to later emotion self-regulation[J]. Social Development, 2004, 13(1): 40-55.

[17] GRATZ K L, ROEMER L. Multidimensional assessment of emotion regulation and dysregulation: Development, factor structure, and initial validation of the Difficulties in Emotion Regulation Scale[J]. Journal of Psychopathology and Behavioral Assessment, 2004, 26(1): 41-54.

[18] MATSUMOTO D, YOO S H, NAKAGAWA S., et al. Culture, emotion regulation, and adjustment[J]. Journal of Personality and Social Psychology, 2008, 94(6): 925-937.

[19] GROSS J J, JOHN O P. Individual differences in two emotion regulation processes: Implications for affect, relationships, and well-being[J]. Journal of Personality and Social Psychology, 2003, 85(2): 348-362.

[20] BUTLER E A, LEE T L, GROSS J J. Emotion regulation and culture: Are the social consequences of emotion suppression culture-specific?[J]. Emotion, 2007, 7(1): 30-48.

[21] LI J, HAN Z R, GAO M M, et al. Psychometric properties of the Chinese version of the difficulties in emotion regulation scale (DERS): Factor structure, reliability, and validity[J]. Psychological Assessment, 2018, 30(5): e1-e9.

[22] BARDEEN J R, FERGUS T A, ORUTT H K. An examination of the latent structure of the difficulties in emotion regulation scale[J]. Journal of Psychopathology and Behavioral Assessment, 2012, 34(3): 382-392.

[23] NEUMANN A, VAN LIER P A C, GRATZ K L, et al. Multidimensional assessment of emotion regulation difficulties in adolescents using the Difficulties in Emotion Regulation Scale[J]. Assessment, 2010, 17(1): 138-149

[24] TULL M T, BARRETT H M, MCMILLAN E S, et al. A preliminary investigation between emotion regulation difficulties and posttraumatic stress symptoms[J]. Behavior Therapy, 2007, 38(3): 303-313.

[25]TULL M T, GRATZ K L, LATZMAN R D, et al. Reinforcement Sensitivity Theory and emotion regulation difficulties: A multimodal investigation[J]. Personality and Individual Differences, 2010, 49(8): 989-994.

[26]SALTERS-PEDNEAULT K, ROEMER L, TULL M T, et al. Evidence of broad deficits in emotion regulation associated with chronic worry and generalized anxiety disorder[J]. Cognitive Therapy and Research, 2006, 30(4): 469-480.

[27]SOENKE M, HAHN K S, TULL M T, et al. Exploring the relationship between childhood abuse and analogue generalized anxiety disorder: The mediating role of emotion dysregulation[J]. Cognitive Therapy and Research, 2010, 34(5): 401-412.

[28]BJUREBERG J, LJóTSSON B, TULL M T, et al. Development and validation of a brief version of the difficulties in emotion regulation scale: The DERS-16[J]. Journal of Psychopathology and Behavioral Assessment, 2016, 38(2): 284-296.

[29]BARIOLA E, HUGHES E K, GULLONE E. Relationships between parent and child emotion regulation strategy use: A brief report[J]. Journal of Child and Family Studies, 2012, 21(3): 443-448.

[30]GROSS J J. The emerging field of emotion regulation: An integrative review[J]. Review of General Psychology, 1998, 2(3): 271-299.

[31]JOHN O P, GROSS J J. Healthy and unhealthy emotion regulation: Personality processes, individual differences, and life span development[J]. Joural of Personality, 2004, 72(6): 1301-1334.

[32]DIX T. The affective organization of parenting: Adaptive and maladaptive processes[J]. Psychological Bulletin, 1991, 110(1): 3-25.

[33]CARSON J L, PARKE R D. Reciprocal negative affect in parent-child interactions and children's peer competency[J]. Child Development, 1996, 67(5): 2217-2226.

[34]COMPTON K, SNYDER J, SCHREPFERMAN L, et al. The contribution of parents and siblings to antisocial and depressive behavior in adolescents: A double jeopardy coercion model[J]. Development and Psychopathology, 2003, 15(1): 163-182.

[35]BRIDGES L J, DENHAM S A, GANIBAN J M. Definitional issues in emotion regulation research[J]. Child Development, 2004, 75(2): 340-345.

[36]MORRIS A S, SILK J S, STEINBERG L, et al. The role of the family context in the development of emotion regulation[J]. Social Development, 2007, 16(2): 361-388.

[37]COLE P M, MICHEL M K, TETI L O D. The development of emotion regulation

and dysregulation: A clinical perspective[J]. Monographs of the Society for Research in Child Development, 1994, 59(2-3): 73-100.

[38]SILK J S, SHAW D S, SKUBAN E M, et al. Emotion regulation strategies in offspring of childhood onset depressed mothers[J]. Journal of Child Psychology and Psychiatry, 2006, 47(1): 69-78.

[39]GARBER J, BRAAFLADT N, ZEMAN J. The regulation of sad affect: An information-processing perspective[M]//GARBER J, DODGE K A. The development of emotion regulation and dysregulation. New York: Cambridge University Press, 1991: 208-240.

[40]BRIDGETT D J, GARTSTEIN M A, PUTNAM S P, et al. Emerging effortful control in toddlerhood: The role of infant orienting/regulation, maternal effortful control, and maternal time spent in caregiving activities[J]. Infant Behavior and Development, 2011, 34(1): 189-199.

[41]BRIDGETT D J, BURT N M, LAAKE L M, et al. Maternal self-regulation, relationship adjustment, and home chaos: Contributions to infant negative emotionality[J]. Infant Behavior and Development, 2013, 36(4): 534-547.

[42]HAN Z R, SHAFFER A. The relation of parental emotion dysregulation to children's psychopathology symptoms: The moderating role of child emotion dysregulation[J]. Child Psychiatry and Human Development, 2013, 44(5): 591-601.

[43]GUNZENHAUSER C, FÄSCHE A, FRIEDLMEIER W, et al. Face it or hide it: Parental socialization of reappraisal and response suppression[J]. Frontiers in Psychology, 2014, 4: 992.

[44]KIM H K, PEARS K C, CAPALDI D M, et al. Emotion dysregulation in the intergenerational transmission of romantic relationship conflict[J]. Journal of Family Psychology, 2009, 23(4): 585-595.

[45]SARITAŞ D, GRUSEC J E, GENÇÖZ T. Warm and harsh parenting as mediators of the relation between maternal and adolescent emotion regulation[J]. Journal of Adolescence, 2013, 36(6): 1093-1101.

[46]DIX T, MEUNIER L N. Depressive symptoms and parenting competence: an analysis of 13 regulatory processes[J]. Developmental Review, 2009, 29(1): 45-68.

[47]GROLNICK W S, FARKAS M. Parenting and the development of self-regulation[M]// BORNSTEIN M H. Practical issues in parenting: Vol. 5. Handbook of parenting. Hillsdale: Erlbaum, 2002: 89-110.

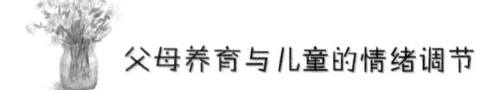

[48] KOBAK R R, SCEERY A. Attachment in late adolescence: working models, affect regulation, and representations of self and others[J]. Child Development, 1988, 59(1): 135-146.

[49] GUNNAR M. Early adversity and the development of stress reactivity and regulation[M]// NELSON C A, The effects of adversity on neurobehavioral development. The Minnesota symposia on child psychology. Mahwah: Erlbaum, 2000: 163-200.

[50] CUMMINGS E M, DAVIES P T. Emotional security as a regulatory process in normal development and the development of psychopathology[J]. Development and Psychopathology, 1996, 8(1): 123-139.

[51] EISENBERG N, CUMBERLAND A, SPINRAD T L. Parental socialization of emotion[J]. Psychological Inquiry, 1998, 9(4): 241-273.

[52] KLIMES-DOUGAN B, ZEMAN J. Introduction to the special issue: emotion socialization for middle-childhood and adolescence[J]. Social Development, 2007, 16(2): 203-209.

[53] BUCKHOLDT K E, PARRA G R, JOBE-SHIELDS L. Intergenerational transmission of emotion dysregulation through parental invalidation of emotions: Implications for adolescent internalizing and externalizing behaviors[J]. Journal of Child and Family Studies, 2014, 23(2): 324-332.

[54] O'NEAL C, MAGAI C. Do parents respond different ways when children feel different emotions? The emotional context of parenting[J]. Development and Psychopathology, 2005, 17(2): 467-487.

[55] LI D, LI D, WU N, et al. Intergenerational transmission of emotion regulation through parents' reactions to children's negative emotions: Tests of unique, actor, partner, and mediating effects[J]. Children and Youth Service Review, 2019, 101(6): 113-122.

第五章

父亲的养育角色

在父母养育与儿童发展的研究领域中,母亲养育的研究远远超过父亲养育的研究。儿童情绪调节领域的研究也不例外。尽管母亲养育与儿童情绪发展的研究占了绝大多数比例,父亲和孩子在互动形式上不同于母亲和孩子的互动,从而导致父亲养育的独特性。父亲在情绪社会化中所发挥的独特作用可能要追溯到更早的依恋理论[1]。Paquette[2]提出,"依恋关系"实际上源于压力情境中的安抚作用,更适合用来描述母亲与孩子的关系联结。而父亲扮演的更像是"激活"的角色:父亲鼓励儿童学会承担风险并克服障碍,帮助孩子打开视野以及发展社会情绪技能等[2-3]。通过与孩子进行无秩序性的玩耍游戏,父亲经常会带来意想不到的情绪刺激,从而推动儿童的情绪技能发展[1]。本章节首先会谈到几个有关父亲与孩子互动的经典理论,在理论层面系统阐述父亲角色的独特性与重要性,接着再列举一些典型的实证研究来阐述父亲在儿童情绪发展中的养育角色。

第一节 父亲养育的相关理论

一、激活理论

依恋理论通常把父亲看作是孩子的第二依恋对象[4]。由于依恋理论认为，孩子对依恋者的需求关乎他们的长期生存，因此，母亲往往是最重要的依恋对象，与儿童的生存发展具有直接关联。父亲对孩子生存的贡献则显得不那么直接，往往会辅助母亲照料，以及在物质供给和提供保护方面起着间接照料的作用。尽管父亲仅作为孩子的第二依恋对象，但实际上父亲对孩子发展却具有单独的影响，并且这种影响是独立于其他照料者的[5]。安全型的父子依恋往往伴随婴儿较少的问题行为[6]以及幼儿园时期更好的社会性发展[7]。

然而，父亲与婴儿之间的安全依恋与儿童发展结果的关联始终比不上母亲与婴儿之间的依恋。过去几十年的研究发现，父亲在子女养育上所花的时间正逐步增长[8]，并且父亲同样对于子女的需求表现出敏感觉察性[9-10]。也许有人会提出疑问，是不是只要父亲花了足够多的时间来为孩子提供温暖支持，父亲依恋与儿童发展结果之间的关联强度就会变强？答案并非如此。一项针对过去几十年父子依恋相关研究的元分析发现，父子依恋对儿童发展结果的影响并不会随着父亲在子女养育上所花时间的增加而显著增强[11]。因此，无论父亲花的时间多少以及他们是否对于孩子的需求所表现出敏感性与可获得性，父亲对于孩子来说始终是他们的第二依恋对象。反过来，父亲的"第二依恋对象"这一人物形象也决定了父子依恋与儿童发展的关联强度并不会因为养育投入的增加而增强。即便如此，由于现有研究对父亲养育角色的探讨依然不够，从而无法进一步解释父亲在儿童发展过程中所扮演的角色[12-13]，直到Paquett[2]提出的父亲激活理论首次对父亲与孩子之间的情感联结进行了系统阐述。

父亲激活理论认为，父亲更喜欢在具有刺激和挑战性，以及不稳定因素更多的环境中与孩子建立起互动。这种互动能激发孩子对外在世界的探索性与好奇心，而不是始终停留在母亲所提供的安全舒适区域内。从而能够推断，激活式的父亲养育能够促进儿童的自我调节系统发展，鼓励孩子进行未知探索，并增强孩子的自信心。父子激活式互动中一个核心的要素是，父亲通过一些肢体动作、生理唤醒以及互动中遇到的不稳定因素来帮助孩子打开通往外部世界的大门。实际上，父亲的这种不含惩罚性的控制能够教会孩子如何遵守规则,既能促进孩子自我的情绪表达,也能理解他人发出的情绪信号,并培养孩子对攻击与愤怒冲动行为进行调节的能力[14]。作为对母子依恋理论的补充,父亲激活理论鼓励孩子进行探索、增强他们的认知技能并提高动机水平,同时能让孩子学会如何在环境受到限制的情况下进行自我调节并做出恰当应对。一旦缺乏这种激活式的父亲养育,或者父亲始终给以惩罚性的、低质量的养育行为,儿童则会出现更多的问题行为[14]。有研究发现,即使父亲长期与孩子分居两地,那些能够与父亲保持紧密联系的孩子比无法与父亲取得联系的孩子通常具有更少的问题行为[15]。总而言之,父亲与孩子的互动对于孩子的情绪与行为调节十分有益。

父亲激活理论强调父亲与孩子之间的互动有助于孩子更好地了解未知环境,并教会孩子恰当地调节自己的情绪与攻击行为。同时,该理论也强调,父亲所表现出的更高水平的控制也有助于发展儿童的社会机能,减少情绪失调行为。Flanders等人[16]的研究发现,只有当父亲的掌控水平较高时,父亲与学步期儿童之间游戏互动的次数才会有益于儿童的发展,具体表现为父亲的掌控水平越高,混乱性玩耍越不容易引起儿童的攻击行为增加,如图5-1(a)所示,同时也越不容易引起儿童的情绪调节水平降低,如图5-1(b)所示。

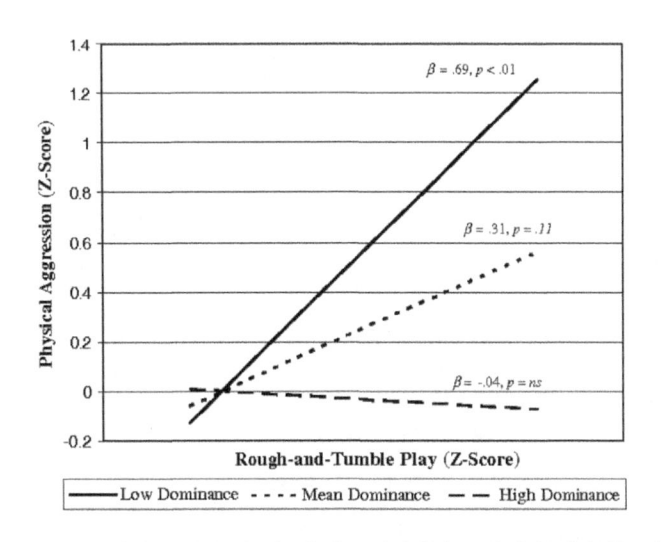

图5-1(a) 父亲掌控水平对父子游戏互动次数与儿童身体攻击的调节效应

注:引自Flanders等人[16]。

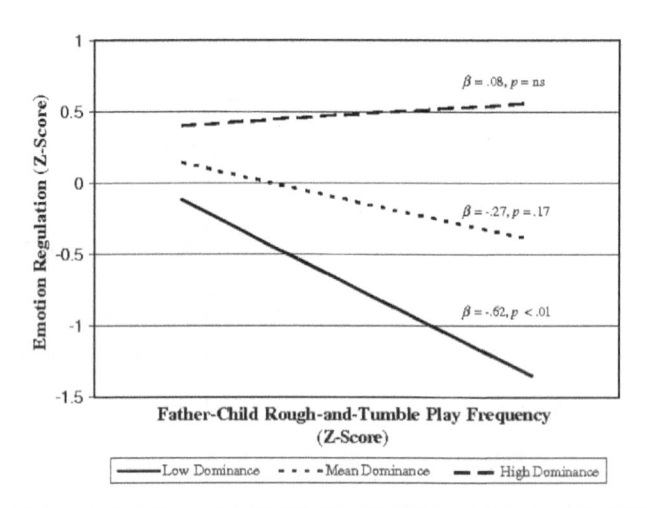

图5-1（b） 父亲掌控水平对父子游戏互动次数与儿童情绪调节的调节效应

注：引自Flanders等人[16]。

二、游戏理论

目前有相当一部分研究关注父亲与孩子之间的游戏互动，他们之间的互动中往往具有鲁莽性、不稳定性、情绪夸张以及趣味性[17]。父亲与孩子之间的游戏互动对于早期儿童来说算是个独特的成长影响因素。这种包含了趣味、动作、情感、参与于一体的互动与儿童随后的同伴接纳具有显著联系[18]。尽管父亲与孩子互动中的行为模式与母亲—孩子的互动模式有所不同，但仍然对于儿童的亲社会行为及其它社会能力的发展具有显著影响。

无秩序性游戏模式（rough-and-tumble play; RTP）是目前较受关注的一种父亲与孩子之间的游戏模式，含有击打、脚踢、擒拿、格斗等多种形式，并且通常以带有攻击性的行为模式为主[19]。父亲与孩子的RTP互动模式贯彻儿童整个发展历程，最早出现于婴儿晚期，在儿童四岁时候这种互动频率达到顶峰，从儿童中期开始有所下降[20]。这种互动模式有助于教会孩子如何进行情绪调节、对攻击行为进行控制并学会与同伴进行良好互动[2]。以往有研究发现，RTP互动模式具有它独特的功能性。例如，Pereira和Altmann[21]认为RTP能够促进父亲与孩子之间的凝聚力。这种耗费体力的互动成就了父亲与孩子的独特互动形式，与母亲所扮演的主要养育角色形成互补，并且也成就了父亲与孩子竭尽全力玩耍打闹的愉快经历[20,22]。除此之外，RTP互动模式还有助于父亲与孩子之间建立起掌控性的关系模式。Paquette和Dumont将RTP解读为一种非语言性的表达[23]："我爱你，但我比你更强"。这个信息对于孩子学习调节他们自己的情绪以及避免攻击行为十分重要。因此，他们认为，这种游戏互动所含有的积极一面能够缓冲互动中父母表现出的侵入式教养行为对儿童情绪调节发展的不利影响。

动作性的游戏互动经常出现在父亲与孩子的互动中，孩子从中能够学会按照对方的情绪唤醒度来调节自己的情绪唤醒度[24]。父亲与孩子的游戏模式往往具有指令性、侵入性、不稳定和不可预测性[17]。不断增加的刺激因素、难度和不可预测性均能促使儿童逐渐适应这种游戏模式，并且这种适应被认为是情绪调节的初始阶段。尽管理论上我们认为儿童情绪调节策略的习得主要来自对母子互动行为的观察与母亲的说教，实际上儿童情绪调节的实践练习经验很可能在游戏玩耍中得以积累[24]。

Bariola等人[25]考察了童年中期父母与儿童情绪调节策略之间的联系。父亲、母亲和孩子各自通过问卷报告来测量他们的情绪调节。结果显示，母亲情绪抑制策略的使用与儿童抑制策略的使用具有正相关，而父亲情绪调节策略与儿童的情绪调节策略无显著联系。这一研究发现说明社会学习和榜样示范可能只适用于母亲对儿童的情绪社会化，而不适用于父亲。另外，Silk等人[26]的研究关注的是年龄更小的儿童（4—7岁），他们发现，母亲患有抑郁的儿童在经历消极情绪时更倾向于采用消极应对策略，而母亲无抑郁病史的儿童会采用更多的积极应对策略。这些发现说明关于情绪调节策略习得的社会学习理论可能来源于对母亲与孩子之间互动的调查，而父亲与孩子在这方面的研究却比较稀少。但根据这些发现，我们推断情绪调节策略的习得可能来源于母亲，而情绪调节策略的实践应用则更多体现在与父亲的游戏互动中。无论儿童的情绪调节策略从哪里习得，父亲与孩子之间的这种具有不稳定性的游戏互动实则为孩子提供了学习应对压力的练习机会[20]。研究发现，早期在情绪饱满的父子游戏互动中练习情绪调节策略的使用能够为儿童后续的情绪调节发展奠定基础[2]。

研究者认为，父亲与孩子的RTP游戏互动数量能够帮助孩子减少随后的攻击行为[20]，但其实游戏互动的质量远比互动数量要重要的多。如果单看RTP的次数，研究发现，父亲与孩子的RTP频次对儿童中期男孩的攻击行为具有正向预测作用[27]。然而，父亲的掌控水平会影响RTP频次与儿童攻击之间的关系。Flanders等人[16]研究发现，父亲与孩子的RTP次数与儿童身体攻击的关系强度会受到父亲在游戏中掌控水平的调节。也就是说，在游戏互动中，父亲对游戏过程的控制性以及表现出的掌控地位能够改变RTP与儿童攻击行为之间的关系。当孩子步入幼儿园期时，RTP对儿童攻击行为的影响仅适用于父亲的掌控水平较低的情况。因此，父亲的适度控制对于儿童的攻击行为是个保护因素。

Flanders等人[16,27]的研究发现说明，父亲的控制行为并不等于消极教养行为，相

反，他们也会愿意与孩子互换位置，允许孩子处于掌控地位，但父亲往往是真正具有控制性的一方。有研究者将父亲与孩子的游戏互动形容为能够相互取悦、相互信任的互动[10]。然而，当父亲的控制变成带有情绪的控制时，这种控制行为的有效性会大大降低，并极有可能带来消极结果[28]。

  成长过程中缺乏父亲陪伴的情况下，男孩通常比女孩表现出更多的外化问题行为。而低质量的父亲教养，同时伴随父母双亲的离去或缺失，往往很大程度上会增加儿童的行为问题[29]。人们通常认为儿童的攻击行为与父亲监管的缺失有关，而有研究者提出，缺乏父亲训练也是导致攻击行为发生的重要原因[23]，因为父亲与孩子的游戏互动是儿童的行为塑造与训练的重要条件[30]。总而言之，当前的研究发现，早期父亲与孩子的这种游戏互动模式对儿童中晚期自我调节能力的习得、情绪调节策略的运用，以及攻击倾向的抑制大有裨益[16,20,31]，但仍需更多的研究对父亲与孩子的游戏互动模式做进一步探讨。

第二节　父亲与母亲情绪社会化角色的比较

  有证据表明，儿童主要通过父母的社会参照与示范[26]、情绪教导[32]、以及父母的情绪表达与情绪氛围[33]等途径习得如何进行情绪调节。然而，这些研究绝大多数关注的是母亲的角色。即使少数研究关注了父亲，但仍然采用的是与母亲相关的理论与测量方式。因此，制定出适用于父亲特定角色的理论框架以及测量方式也许能够进一步阐明父子关系对儿童发展结果的影响。

  父母有关性别刻板化规则的行为在情绪社会化过程中有所体现。往往从婴儿期开始，父母便会有意识的将儿童的性别纳入考虑，从而有区分地对待男孩与女孩。例如，尽管婴儿的情绪表达尚未出现明显的性别差异，但研究发现，母亲往往对女孩会表现出比男孩更多样化并且更高强度的情绪表达[34]。尽管针对儿童中期年龄段的性别差异研究并不占多数，仍有研究发现，父母情绪社会化中的性别差异行为在儿童早期的时候便初见端倪，表现为母亲更倾向于让男孩隐藏悲伤和恐惧情绪，以及让女孩隐藏愤怒情绪，并且父亲和母亲分别会针对儿童性别表现出不同的社会化行为[35-37]。例如，父亲会更倾向于关注女孩的悲伤情绪，却会惩罚男孩的悲伤情绪。与此相反，母亲更倾向于采用分心策略来处理男孩而非女孩的悲伤情绪[36]。另外也有研究发现，父亲比母亲更倾向于忽略孩子的悲伤情绪表达，而母亲比父亲更有可能对孩子的悲伤情绪表达给以鼓励，同时提供问题解决策略进行回应[38]。Gottman及其同事[39]的研究也发现母亲报告的情绪教导行为多于父亲报告，同时青少年报告父亲比母亲采用更少的情绪教导行为[37,40]。

过去几十年的研究发现，父亲已经逐渐参与到孩子的照料中[41-42]，并且对他们的发展也起着至关重要的作用[43]。父亲参与照料越多，儿童会表现出越高水平的认知能力[22]、更少的问题行为和更佳的心理健康状态[44-46]。大量关注儿童中晚期情绪发展的研究显示，母亲和父亲在儿童情绪调节的发展过程中各自发挥了独特的作用。例如，母亲更倾向于以建设性的方式来回应儿童的消极情绪表达，而父亲则更可能要求儿童采取忽略或掩藏的方式来应对消极情绪[38]。另外，与母亲相比，父亲也会针对儿童的脆弱情绪表达（例如伤心难过）施加一些惩罚性措施[47]。父亲的控制行为往往被证实为有利于儿童的社会情绪性发展，而母亲的支持行为则更为有效[48]。对于青少年而言，他们与母亲的关系往往能够更进一步，而父亲始终被认为是权威形象的象征[49]。这些研究发现均与父亲和母亲各自的"激活"与"依恋"角色相一致，并且表明情绪社会化过程中，对孩子进行支持可能更适用于母亲，而对孩子进行控制则适用于父亲。

尽管有研究发现父亲对于儿童的心理幸福感具有独特的影响作用[50-53]，发展心理学中仍然较缺少对父亲的研究[54-55]，尤其体现在儿童情绪发展的研究领域。已有研究表明，父亲与母亲对儿童发展的影响通常是不同的，并且父亲可能会对母亲的影响效果起到缓冲作用[56-58]。例如，抑郁母亲对儿童发展的不利影响可以受到父亲积极作用的缓冲[51]，父亲自身的品行特点与儿童和青少年期的外化行为问题始终相关[59]。父亲对儿童学前期消极情绪的接受与教导能够显著预测儿童学龄期的社会能力发展[32]。这些发现都足以说明，没有父亲参与的儿童情绪社会化的发展是不够完整的。

也有研究发现，父亲和孩子以及母亲和孩子在游戏互动环节中所表现出的双向性互动的频率均高于在照料互动环节（照顾儿童吃零食）中，并且父亲与孩子在游戏互动环节中表现出的积极情绪高于照料环节[60]。这些发现同以往研究一致，均证实父亲与孩子在游戏互动环节中表现出的积极情绪高于母亲与孩子的游戏互动[61-62]。此外，Lindsey等人[60]还发现，无论是在游戏环节（玩耍互动）中，或者是照料环节（照顾儿童吃零食）中，父亲和孩子的双向互动模式与母亲和孩子的双向互动模式对儿童的亲社会与攻击行为具有同样的预测作用。尽管现有证据显示，母亲在亲子照料式互动中起到更重要的作用[62-63]，而父亲在亲子游戏互动中起到更重要的作用[64-65]，然而，Lindsey等人的研究结果说明，母亲和父亲与孩子的双向性互动模式对于儿童的同伴交

往能力具有同等重要的作用。

Mendonça等人[66]在母亲—孩子、父亲—孩子双人互动以及父亲—母亲—孩子三人互动中分别比较父亲和母亲与孩子的"互动一致性",即指的是互动过程的平稳性[67]。一致性较高的互动中,互动双方的行为往往能够彼此适应,互相调节对方的情绪与行为,从而促进互动的和谐性与有效性[68]。Mendonça等人的研究发现,尽管在亲子二人的互动中,父亲—孩子的互动一致性与母亲—孩子的互动一致性基本相同,但在父亲—母亲—孩子三人的互动中,父亲与孩子之间的互动一致性显著低于母亲与孩子的互动一致性。同以往研究一致[69-71],这一发现也更加证实了父子互动与母子互动之间的相似性大于差异性。父亲也能够同母亲一样,成为细心敏感的照料者[50,72]。然而,三人互动的结果表明,相较于父亲在互动中始终会与孩子保持距离性,母亲仍然作为儿童最主要的互动对象,始终保持着与儿童频繁的互动与接触。这与以往研究发现一致[73],即三人互动中母亲的参与度显著高于父亲。

第三节 父亲与儿童情绪发展的实证研究

Ekas等人[10]的研究采用情境观察法,考察了学步期儿童在与父亲和母亲的实时互动中,儿童所采用的情绪调节策略对消极情绪的实时影响。该研究的被试为135名年龄为20个月的儿童与他们的父母,测试程序为儿童分别与父亲和母亲一起参与"父母忽略式情境互动(The Parent-Ignore-Toddler-Situation)"。该互动情境共包含三个模块,每个模块持续时间为90秒。研究者以每一秒为时间单位,对整个互动过程中儿童所使用的情绪调节策略进行连续编码,从而对每秒内儿童所表现出的聚焦父母策略、自我分心策略和聚焦玩具策略的频次进行计数。与此同时,采用四点量表(0—3),以秒为计量单位,对儿童在互动过程中表现出消极情绪的强度进行计分。采用混合效应模型(Mixed-effects modeling),考察儿童的情绪调节策略对他们1—5秒间隔后消极情绪的延迟影响。结果显示,儿童无论在与母亲或与父亲的互动中,聚焦父母策略的使用会促进他们1—3秒之后消极情绪的增长,自我分心策略的使用既不会促进,但也不会减弱儿童1—5秒之后的消极情绪,而聚焦玩具策略则会削弱儿童1—3秒之后的消极情绪。因此,该研究得出结论:不同的情绪调节策略的使用对儿童消极情绪具有不同的影响;母亲和父亲在与儿童的互动中,父母的性别角色差异并未造成儿童情绪调节策略对他们消极情绪具有不同的影响。

表5-1 儿童情绪调节策略的分类与描述

行为策略	定义描述
聚焦父母策略	
望着父母	头朝向父母转过去或者目光转向父母
与父母进行言语交流	与父母进行沟通，包括请求父母帮助自己来玩玩具
与父母进行动作交流	设法引起父母的注意（比如指向某个物体）
自我分心策略	
分散注意力	将注意力转向房间里的其他物体
自言自语	同自己交流对话，而非指向父母
自我安抚	通过一些行为来帮助自己平复情绪（例如，吮吸自己的手指，或者卷自己的头发）
聚焦玩具策略	
拿着或举着玩具	拿着玩具但不玩它
被动参与	并非真正地使用玩具的功能（例如，敲着麦克风）
积极参与	试图操纵玩具的功能，例如打开开关，把磁带放进播放机内
看着玩具	紧紧注视着玩具
其它策略	
高强度的大动作	撞击桌子或玩具、踢桌子
关注不在场的另一个家长	试图与不在房间内的家长进行沟通，例如当父亲在房间里时，表现出对母亲的呼唤
逃离	通过身体动作的努力试图从椅子上下来

注：引自Ekas等人[10]。

另一项研究采用问卷法同时考察了父亲和母亲的情绪调节策略使用与儿童情绪调节策略使用之间的联系[25]。结果显示，母亲的抑制表达策略使用会促进儿童抑制表达策略的使用。然而，父亲的情绪调节策略并不能额外地预测儿童的情绪调节策略的使用。由此说明，与父亲相比，母亲的情绪调节策略使用与儿童情绪调节策略的使用更具有显著联系。这可能是由于母亲对于孩子情绪社会化教养的投入显著多于父亲的缘故，从而让儿童更多接触与习得母亲对于情绪调节的方法与策略。

Shewark和Blandon的研究[74]考察了母亲和父亲对儿童积极和消极情绪的应答与儿童负性情绪和情绪调节的联系。该研究选取70个家庭为被试家庭，每个家庭包母亲、父亲，以及两个年龄介于2—5岁的同胞兄弟姐妹。结果显示，母亲和父亲对儿童积极情绪的非支持性应答均与儿童的负性情绪具有显著联系。此外，父亲非支持性应答与年长和年幼儿童情绪调节具有不同的联系，表现为父亲对儿童消极情绪的非支持性应答

与儿童情绪调节之间的负向联系仅仅在年长子女中显著,在年幼子女里并不显著,如图5-2(a)所示;父亲对儿童积极情绪的非支持性应答与儿童情绪调节之间的负向联系仅仅在年幼子女中显著,在年长子女中并不显著,如图5-2(b)所示。

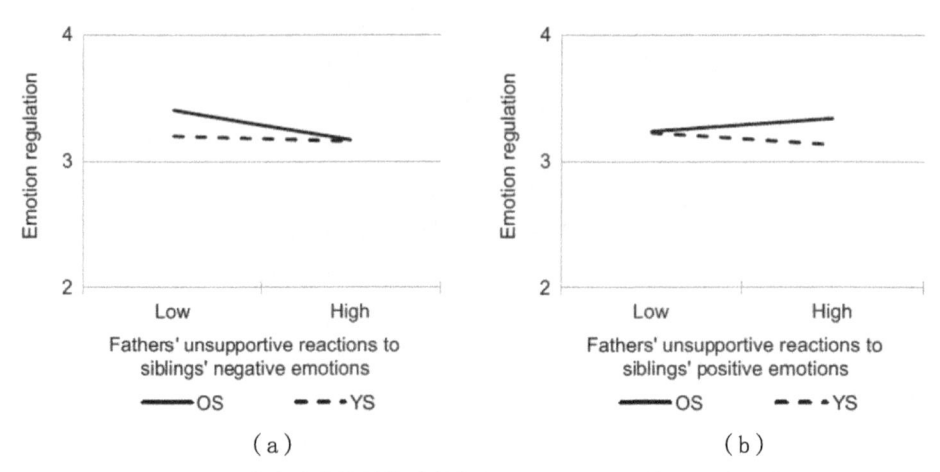

图5-2 父亲非支持性情绪应答与年幼和年长儿童情绪调节的联系

注:引自Shewark和Blandon[74]。

近年来,中国研究者也开始关注中国家庭中父亲在儿童情绪社会化中所参与的作用。梁宗保等人[75]研究发现,父亲的情绪教导理念对儿童的社会能力具有促进作用,而父亲情绪紊乱理念则对儿童社会能力具有阻碍作用。此外,父亲的积极和消极情绪表达氛围对儿童的社会能力具有促进和妨碍作用,并且父亲的情绪理念会通过父亲的情绪表达间接影响儿童的社会能力。Li和Li[76]基于中国样本的研究也发现,亲子互动中父亲和孩子的情绪表达具有相互影响。这些发现说明,即使传统中国家庭中父亲与母亲分别扮演着"严父慈母"的角色,现如今社会的发展和转型使得父亲在儿童情绪教养中的角色也发生了转变,父亲的"严厉与忽视"已经不再对儿童情绪发展具有促进作用,相反,父亲的支持、包容与鼓励对儿童的情绪发展更为重要。

参考文献:

[1]LAMB M E, LEWIS C. Father-child relationships[M]// CABRERA N J, TAMIS-LEMONDA C S Handbook of father involvement: Multidisciplinary perspectives. New York: Routledge, 2013: 119-135.

[2]PAQUETTE D. Theorizing the father-child relationship: Mechanisms and developmental outcomes[J]. Human Development, 2004, 47(4): 193-219.

[3]MAJDANDŽI' C M, MÖLLER E L, DE VENTE W, et al. Fathers' challenging

parenting behavior prevents social anxiety development in their 4-year-old children: A longitudinal observational study[J]. Journal of Abnormal Child Psychology, 2014, 42(2): 301-310.

[4]AINSWORTH M. Object relations, dependency and attachment: A theoretical review of the infant-mother relationship[J]. Child Development, 1969, 40(4): 969-1025.

[5]SCHAFFER H R, EMERSON P E. The development of social attachments in infancy[J]. Monographs of the Society for Research in Child Development, 1964, 29(3): 94-107.

[6]VERSCHUEREN K, MARCOEN, A. Representation of self and socioemotional competence in kindergartners: Differential and combined effects of attachment to mother and to father[J]. Child Development, 1999, 70(1): 183-201.

[7]LAMB M E, HWANG C P, FRODI A M, et al. Varying degrees of paternal involvement in infant care: Attitudinal and behavioral correlates[M]// LAMB M E. Nontraditional families: Parenting and child development. Hillsdale: Erlbaum, 1982: 117-137.

[8]PLECK J H. Paternal involvement: Revised conceptualization and theoretical linkages with child outcomes[M]// LAMB M E. The role of the father in child development. New York: Wiley, 2010: 67-107.

[9]CABRERA N, SHANNON J, TAMIS-LEMONDA C. Fathers' influence on their children's cognitive and emotional development: From toddlers to Pre-K[J]. Applied Development Science, 2007, 11(4): 208-213.

[10]EKAS N V, BRAUNGART-RIEKER J M, LICKENBROCK D M. Toddler emotion regulation with mothers and fathers: Temporal associations between negative affect and behavioral strategies[J]. Infancy, 2011, 16(3): 266-294.

[11]LUCASSEN N, VAN DZENDOOR M H, VOLLING B, et al. The association between paternal sensitivity and infant-father attachment security: A meta-analysis of three decades of research[J]. Journal of Family Psychology, 2011, 25(6): 986-992.

[12]LEWIS M. Altering fate[M]. New York: Guilford, 1997.

[13]VOLLING B L, BELSKY J. Infant, father, and marital antecedents of infant father attachment security in dual-earner and single-earner families[J]. International Journal of Behavioral Development, 1992, 15(1): 83-100.

[14]COLEY R L. Children's socialization experiences and functioning in single-mother households: The importance of fathers and other men[J]. Child Development, 1998, 69(1):

291-230.

[15] AMATO P R, REZAC S J. Contact with non-residential parents, inter-parental conflict and children's behavior[J]. Journal of Family Issues, 1994, 25(2): 191-207.

[16] FLANDERS J L, SIMARD M, PAQUETTE D, et al. Rough-and-tumble play and the development of physical aggression and emotion regulation: A five-year follow-up study[J]. Journal of Family Violence, 2010, 25(4): 357-367.

[17] PARKE R D, TINSLEY B R. Fathers as agents and recipients of support in the postnatal period[M]// Boukydis Z. Support for parents in the postnatal period. New York: Ablex, 1987: 35-67.

[18] MACDONALD K, PARKE R D. Parent-child physical play: The effects of sex and age of children and parents[J]. Sex Roles, 1986, 15(7/8): 367-378.

[19] PELLEGRINI A D, SMITH P K. Physical activity play: The nature and function of a neglected aspect of play[J]. Child Development, 1998, 69(3): 577-598.

[20] PAQUETTE D, CARBONNEAU R, DUBEAU D, et al. Prevalence of rough-and-tumble play and physical aggression in preschool children[J]. European Journal of Psychology of Education, 2003, 18(2): 171-189.

[21] PEREIRA M E, ALTMANN J. Development of social behavior in free living nonhuman primates[M]// Watts E S. Nonhuman primate models for human growth and development. New York: Alan R Liss, 1985: 217-309.

[22] SHANNON J D, TAMIS-LEMONDA C S, LONDON K, et al. Beyond rough and tumble: Low-income fathers' interactions and children's cognitive development at 24 months[J]. Parenting Science and Practice, 2002, 2(2): 77-104.

[23] PAQUETTE D, DUMONT C. Is father-child rough-and-tumble play associated with attachment or activation relationships?[J]. Early Child Development and Care, 2013, 183(6): 760-773.

[24] PARKE R D. Progress, paradigms, and unresolved problems: A commentary of recent advances in our understandings of children's emotions[J]. Merrill-Palmer Quarterly, 1994, 40(1): 157-169.

[25] BARIOLA E, HUGHES E K, GULLONE E. Relationships between parent and child emotion regulation strategy use: A brief report[J]. Journal of Child and Family Studies, 2012, 21(3): 443-448.

[26] SILK J S, SHAW D S, SKUBAN E M, et al. Emotion regulation strategies in

offspring of childhood-onset depressed mothers[J]. Journal of Child Psychology and Psychiatry, 2006, 47(1): 69-78.

[27] FLANDERS J L, LEO V, PAQUETTE D et al. Rough-and-tumble play and the regulation of aggression: An observational study of father-child play dyads[J]. Aggressive Behavior, 2009, 35(4): 285-295.

[28] PAQUETTE D, BOLTE C, TURCOTTE G, et al. A new typology of fathering: Defining and associated variables[J]. Infant and Child Development, 2000, 9(4): 213-230.

[29] Lamb M E. Attachment[M]// Kazdin A E. Encyclopedia of psychology. Washington, DC and New York: American Psychological Association and Oxford University Press, 2002: 284-289.

[30] Peterson J B, Flanders J L. Play and the regulation of aggression[M]// Tremblay R E, Hartup W H, Archer J. Developmental origins of aggression. New York: Guilford, 205: 133-157.

[31] DUMONT C, PAQUETTE D. What about the child's tie to the father? A new insight into fathering, father-child attachment, children's socio-emotional development and the activation relationship theory[J]. Early Child Development and Care, 2013, 183(3): 430-446.

[32] GOTTMAN J M, KATZ L F, HOOVEN C. Meta-emotion: How families communicate emotionally[M]. Hillsdale: Lawrence Erlbaum Associates, 1997.

[33] CUMMINGS E M, DAVIES P T. Emotional security as a regulatory process in normal development and the development of psychopathology[J]. Development and Psychopathology. 1996, 8(1): 123-139.

[34] MALATESTA C Z, CULVER C, TESMAN J R, et al. The development of emotion expression during the first two years of life[J]. Monographs of the Society for Research in Child Development, 1989, 54(1-2): 1-104.

[35] BLOCK J H. Another look at sex differentiation in the socialization behaviors of mothers and fathers[M]// SHERMAN J, DENMARK F L. The psychology of women: Future directions in research. New York: Psychological Dimensions, 1978, 29-87.

[36] FABES R A, MARTIN C L. Gender and age stereotypes of emotionality[J]. Personality and Social Psychology Bulletin, 1991, 17(5): 532-540.

[37] GARSIDE R B, KLIMES-DOUGAN B. Socialization of discrete negative emotions: Gender differences and links with psychological distress[J]. Sex Roles, 2002, 47(3-4): 115-128.

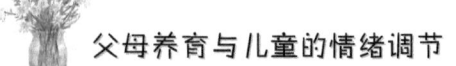

[38] CASSANO M, PERRY-PARRISH C, ZEMAN J. Influence of gender on parental socialization of children's sadness regulation[J]. Social Development, 2007, 16(2): 210-231.

[39] GOTTMAN J M, KATZ L F, HOOVEN C. Parental meta-emotion philosophy and the emotional life of families: Theoretical models and preliminary data[J]. Journal of Family Psychology, 1996, 10(3): 243-268.

[40] STOCKER C M, RICHMOND M K, RHOADES G K, et al. Family emotional processes and adolescents' adjustment[J]. Social Development, 2007, 16(2): 310-325.

[41] LAMB M E, PLECK J H, CHARNOV E L, et al. Paternal behavior in humans[J]. American Zoologist. 1985, 25(3): 883-894.

[42] YEUNG W J, SANDBERG J F, DAVIS-KEAN P, et al. Children's time with fathers in intact families[J]. Journal of Marriage and Family, 2001, 63(1): 136-154.

[43] CABRERA N, FAGAN J, WIGHT V, et al. Influence of mother, father, and child risk on parenting and children's cognitive and social behaviors[J]. Child Development, 2011, 82(6): 1985-2005.

[44] AMATO P R, RIVERA F. Paternal involvement and children's behavior problems[J]. Journal of Marriage and Family, 1999, 61(2): 375-384.

[45] COLEY R L, MEDEIROS B L. Reciprocal longitudinal relations between nonresident father involvement and adolescent delinquency[J]. Child Development, 2007, 78(1): 132-147.

[46] HARRIS K M, FURSTENBERG F F, MARMER J K. Paternal involvement with adolescents in intact families: The influence of fathers over the life course[J]. Demography, 1998, 35(2): 201-216.

[47] EISENBERG N, FABES R A, SHEPARD S A, et al. Parental reactions to children's negative emotions: Longitudinal relations to quality of children's social functioning[J]. Child Development, 1999, 70(2): 513-534.

[48] MCDOWELL D J, PARKE R D, WANG S J. Differences between mothers' and fathers' advice-giving style and content: Relations with social competence and psychological functioning in middle childhood[J]. Merrill-Palmer Quarterly, 2003, 49(1): 55-76.

[49] KLIMES-DOUGAN B, BRAND A, ZAHN-WAXLER C, et al. Parental emotion socialization in adolescence: Differences in sex, age and problem status[J]. Social Development, 2007, 16(2): 326-342.

[50] LAMB M. The role of the father in child development[M]. Hoboken: Wiley, 2004.

[51] PARKE R. Fatherhood[M]. Cambridge: Harvard University Press, 1996.

[52] PHARES V. 'Poppa' psychology: The role of fathers in children's mental well-being[M]. Westport: Praeger Publishers/Greenwood Publishing Group, 1999.

[53] VIDEON, T. Parent-child relations and children's psychological well-being: Do dads matter?[J]. Journal of Family Issues, 2005, 26(1): 55-78.

[54] CASSANO M, ADRIAN M, VEITS G, et al. The inclusion of fathers in the empirical investigation of child psychopathology: An update[J]. Journal of Clinical Child and Adolescent Psychology, 2006, 35(4): 583-589.

[55] PHARES V, FIELDS S, KAMBOUKOS D, et al. Still looking for poppa[J]. American Psychologist, 2005, 60(7): 735-736

[56] CABRERA N J, TAMIS LE-MONDA C S, BRADLEY R H, et al. Fatherhood in the twenty-first century[J]. Child Development, 2000, 71(2): 127-136.

[57] MAIN M, WESTON D R. The quality of the toddler's relationship to mother and to father: Related to conflict behavior and the readiness to establish new relationships[J]. Child Development, 1981, 52(3): 932-941.

[58] VERSCHUEREN K, MARCOEN A. Representations of self and socioemotional competence in kindergarteners: Differential and combined effects to attachment to mother and to father[J]. Child Development, 1999, 70(1): 183-201.

[59] PHARES V, COMPAS B. The role of fathers in child and adolescent psychopathology: Make room for daddy[J]. Psychological Bulletin, 1992, 111(3): 387-412.

[60] LINDEY E W, CREMEENS P R, CALDERA Y M. Mother-child and father-child mutuality in two contexts: Consequences for young children's peer relationships[J]. Infant and Child Development, 2010, 19(2): 142-160.

[61] LINDSEY E W, MIZE J. Parent-child pretense and physical play: Links to children's social competence[J]. Merrill-Palmer Quarterly, 2000, 46(4): 565-590.

[62] PLECK J H, MASCIADRELLI B P. Paternal involvement by U.S. residential fathers: Levels, sources, and consequences[M]// LAMB M E. The role of the father in child development. Hoboken: Wiley, 2004: 222-271.

[63] CRAIG L. Does father care mean fathers share? A comparison of how mothers and fathers in intact families spend time with children[J]. Gender and Society, 2006, 20(2): 259-281.

[64] BONNY J F, KELLEY M L, LEVANT R F. A model of father's involvement in

child care in dual-earner families[J]. Journal of Family Psychology, 1999, 13(3): 401-415.

[65] RENK K, ROBERTS R, RODDENBERRY A, et al. Mothers, fathers, gender role, and time parents spend with their children[J]. Sex Roles, 2003, 48(7-8): 305-315.

[66] MENDONÇA J S, COSSETTE L, STRAYER F F, et al. Mother-child and father-child interactional synchrony in dyadic and triadic interactions[J]. Sex Roles, 2011, 64(1-2): 132-142.

[67] BERNIERI F J, ROSENTHAL R. Interpersonal coordination: Behavior matching and interactional synchrony[M]// FELDSTEIN R S, RIMÉ B. Fundamentals of nonverbal behavior. Cambridge: Cambridge University Press, 1991: 401-432.

[68] HARRIST A W, WAUGH R M. Dyadic synchrony: Its structure and function in children's development[J]. Developmental Review, 2002, 22(4): 555-592.

[69] LAFLAMME D, POMERLEAU A, MALCUIT G. A comparison of fathers' and mothers' involvement in childcare and stimulation behaviors during free-play with their infants at 9 and 15 months[J]. Sex Roles, 2002, 47(11-12): 507-518.

[70] TAMIS-LEMONDA, C. Conceptualizing fathers' role: Playmates and more[J]. Human Development, 2004, 47(4): 220-227.

[71] TETI D M, BOND L A, GIBBS E D. Mothers, fathers, and siblings: A comparison of play styles and their influence upon infant cognitive level[J]. International Journal of Behavioral Development, 1988, 11(4): 415-432.

[72] PARKE R D. Fathers, families, and the future: A plethora of plausible predictions[J]. Merrill Palmer Quarterly, 2004, 50(4): 456-470.

[73] LINDSEY E, CALDERA Y. Mother-father-child triadic interaction and mother-child dyadic interaction: Gender differences within and between contexts[J]. Sex Roles, 2006, 55(7-8): 511-521.

[74] SHEWARK E A, BLANDON A Y. Mothers' and fathers' emotion socialization and children's emotion regulation: A within-family model[J]. Social Development, 2015, 24(2): 266-284.

[75] 梁宗保,张光珍,陈会昌,等. 父母元情绪理念、情绪表达与儿童社会能力的关系[J]. 心理学报, 2012, 44(2): 199-210.

[76] LI D, LI X. Within-and between-individual variation in fathers' emotional expressivity in Chinese families: Contributions of children's emotional expressivity and fathers' emotion-related beliefs and perceptions[J]. Social Development, 2019.

第六章

家庭情绪氛围

大量理论与实证研究表明，许多家庭因素，如家庭情绪氛围和父母婚姻关系等，对儿童情绪社会化过程具有重要影响[1-2]。然而，现有研究对家庭因素的探讨多聚焦于父母教养行为上，对于父母教养行为以外更加宽泛的家庭影响因素的探讨则比较缺乏。然而，家庭系统理论强调，家庭是一个有机整体，包含父母之间、亲子之间等具有不同功能的子系统，这些子系统之间也存在相互影响[3-4]，因此应从整体而不是分割独立的视角来看待家庭因素对儿童情绪发展的影响。

第一节　父母的情绪表达

家庭成员之间的对于积极和消极情绪表达的频率与强度，以及家庭成员之间的关系质量，都是构成家庭情绪氛围的重要组成成分。每个家庭内部对于积极和消极情绪表达的模式为子女的情绪社会化提供了参照模板，也就是所谓的"情绪表达规则"[2,5]。同样，积极并具有凝聚力的家庭关系能够接受儿童的情绪体验，并且为儿童提供学习情绪的机会，而敌意、批判和消极的家庭关系往往抑制了儿童的情绪需求，并使他们无法受到情绪相关的启发与教导[2,6]。因此，家庭中积极的情绪表达往往与儿童的情绪调节发展具有正向联系[7-8]，而家庭中消极的情绪表达则不利于儿童的情绪调节发展[9]。过去大量研究对家庭情绪氛围的测量往往依靠父母的描述，或者对亲子互动的观察。然而，无论哪一种测量手段都只能反映出一小部分的家庭氛围，而对家庭情绪氛围更精确的测量须从多个角度对家庭成员之间的动力关系以及家庭内部成员之间的互动进行多方位的全面观察[2]。

一、父母情绪表达的概念及测量

长期以来，父母的情绪表达对儿童情绪和社会能力发展的重要作用一直受到发展心理学家的广泛关注[10]。父母的情绪表达是指父母自身对情绪的表露程度，通常指父母在与子女互动中的情绪表达，因此被看作是父母情绪社会化的重要形式之一，对儿童的社会情绪功能发展具有深远影响[1,11]。尽管父母情绪表达的方式和强度可能存在文化差异性[12-13]，然而，大量的证据表明，父母的情绪表达对儿童情绪调节和问题行为的影响在中西方文化中具有等同性和普遍性[14-18]。

家庭环境中的父母情绪表达尤其重要，因为它构建了儿童情绪发展的家庭情感氛围，为儿童习得情绪表达以及理解他人情绪的能力提供了第一课堂[19]。Halberstadt等人[19]区分出两种不同形式的家庭生活中的父母情绪表达：（1）父母针对某个家庭成员所呈现出情绪表达的频率和效价；（2）受父母自身特质倾向所决定的日常家庭生活中的情绪表达。后一种情绪表达也被认为是"主导性质的口头与非口头式的表达方式"[19]。Darling和Steinberg[20]认为，这种笼统定义方式的情绪表达是形成家庭整体情感氛围的重要成分，并进一步构建父母与子女之间的情感联结。

父母的情绪表达同时也是形成家庭情感氛围的重要要素，为儿童的情绪发展提供

第六章 家庭情绪氛围

了家庭环境氛围。Eisenberg等人开展的一系列关于父母情绪表达的研究证实，母亲在日常生活中对积极与消极情绪的表达方式会影响儿童的社会能力，并且这种影响是通过儿童的情绪调节能力这一中介效应得以实现的[9,21-22]。这些研究发现说明，每个家庭成员常常保持着中度至高度的积极情绪表达，这种家庭情绪氛围中往往能够促成儿童发展出良好的情绪调节能力，因为在这种家庭氛围中，情绪是能够得到控制的，并且也为孩子的情绪调节提供了良好的塑造榜样。

然而，消极情绪表达所构成的家庭情绪氛围则对儿童情绪发展的影响则尚未明确。有研究发现，母亲的消极情绪表达与儿童自我调节和应对能力欠缺有联系，而另一些却发现母亲消极情绪表达与儿童的情绪调节能力具有正向联系。当父母情绪表达的背景因素被考虑进来时，不难发现，消极情绪表达的作用效果实际上取决于以下因素：情绪表达是否针对儿童本人、情绪表达的频率和强度、以及消极情绪的类型（愤怒敌意或伤心难过）。假如在一个家族中，适度并温和的消极情绪，如难过、伤心等，能够被恰当地表露出来，并且能够得到合理控制，这样的消极情绪表达其实是有利于儿童情绪调节发展的。相反，如果是带有敌意性的消极情绪，如愤怒，则无法带动儿童情绪的良性发展。

Halberstadt[23]制定的家庭情绪表达问卷（Family Expressiveness Questionnaire, FEQ）是目前应用最为广泛的一个情绪表达问卷，由四十个题目组成，主要测量父母在日常家庭生活中表露出积极和消极情绪的频率，采用9点量表计分，1代表"完全不会发生在我们家里"，9代表"时常发生在我们家里"，由父母进行报告。该问卷内部包含四个分问卷，分别测量四个象限维度的情绪表达：积极掌控型、积极顺从型、消极掌控型、消极顺从型。这一问卷目前已在中西方文化样本中得到普遍使用，并且被证实具有较好的心理测量学属性[15,17,24-25]。问卷题项见本书附录六。

除此之外，亲子互动的观察法也是测量父母情绪表达的手段之一。Liew等人[18]的研究采用挫折任务（拼图）来引发儿童与父母之间的互动。第一轮任务设置为有难度和挑战性，从而使儿童无法单独完成任务。第二轮任务中，由父母陪同儿童完成任务，父母可以通过言语或肢体动作来协助儿童。主试告诉儿童，若能在五分钟内完成任务便获胜。在这五分钟的亲子互动过程中，主试通过单面镜来观察父母的情绪表达，并通过父母的面部表情、语言提示和肢体手势来对他们的情绪表达进行7点评分（-3到3：-3到-1代表消极情绪表达，0代表中性情绪，1—3代表积极情绪表达）。两端的分值越高，则积极或消极情绪的强度越明显。与此类似，Li等人[26]的研究也采用类似的挫折任务法,对父亲与儿童在完成挑战性拼图任务过程中父亲和儿童的情绪表达分别进行观察。该研究通过观察父亲的表情、动作和语言,对其情绪表达进行三点评分(从-1到1:-1代表消极情绪,0代表中性情绪,1代表积极情绪)。

二、父母情绪表达与儿童情绪发展的实证研究

大量实证研究也发现,家庭环境中父母情绪表达的频率、强度和效价与儿童和青少年多方面的情绪和社会适应的发展具有密切联系。例如,Fosco和Grych的研究[6]发现,8—12岁儿童中,父母表达消极情绪的频率越高、表达积极情绪的频率越低,这些儿童越倾向于将父母之间的冲突归咎为自身的原因并为此感到自责羞愧。此外,父母婚姻冲突对儿童适应问题的影响也会取决于父母的情绪表达水平。具体来说,当父母积极情绪表达越少、消极情绪表达越多时,父母冲突对儿童内外化问题的促进作用越明显。也就是说,父母的不当情绪表达会放大父母冲突的不利影响。

许多研究发现,母亲积极情绪表达的频率越高,学步期和学前期儿童的情绪调节能力越强;母亲的消极情绪表达频率越高,儿童情绪调节能力越差[27-28]。Eisenberg等人[21]采用观察法进一步验证父母情绪表达与儿童情绪调节的联系是否具有稳定性。结果发现,母亲积极情绪表达与母亲报告的儿童情绪调节之间具有显著的正向联系,然而,母亲消极情绪表达与教师报告儿童的情绪调节却具有正向联系。类似的,Greenberg等人[29]也发现,母亲自我报告的情绪表达频率越高,由教师报告的一年级儿童的情绪调节策略的使用越多。基于这些研究发现,Greenberg等人[29]认为,不管是积极情绪还是消极情绪表达,情绪表达总是伴随着亲子之间的沟通和交流,从而构建出稳定的家庭情感氛围,这对于儿童的情绪与社会性的发展无疑是相当有益的。

然而,研究者们仍然关于父母消极情绪表达的不一致研究发现展开探讨。Halberstadt等人[30]认为,有必要对不同类型的消极情绪进行细化,因为它们有可能对儿童发展结果产生不同的作用。一项研究发现,对于7—12岁儿童,母亲的掌控型消极情绪(愤怒或敌意)会不利于儿童形成良好的抗压能力,而母亲的顺从型消极情绪(难过)对儿童的抗压能力并无显著影响[22]。Halberstadt等人[30]提出的另一种解释则认为,母亲的消极情绪表达可能与儿童的情绪调节之间存在非线性的关系,即中等程度的消极情绪表达最有利于儿童学习有效应对情绪。由于情绪调节的概念和测量均是多元化的,这可能会造成我们无法全面了解消极情绪表达对儿童情绪调节的多样化影响。

接下来我们将介绍一些具体的实证研究发现。Ramsden等人[25]对120名四年级儿童与母亲进行问卷调查与访谈研究,考察母亲的情绪表达和情绪教导对儿童情绪调节和

攻击行为的影响。该研究采用FEQ测量母亲的情绪表达，同时采用访谈法测量母亲对儿童的情绪教导，考察母亲对儿童情绪的接受性和指导性。路径分析结果表明，母亲的消极情绪表达会抑制儿童的情绪调节发展，而母亲对情绪的接受性则会促进儿童的情绪调节发展。此外，母亲的消极情绪表达会通过抑制儿童的情绪调节进而增加儿童攻击行为的发生，如图6-1所示。

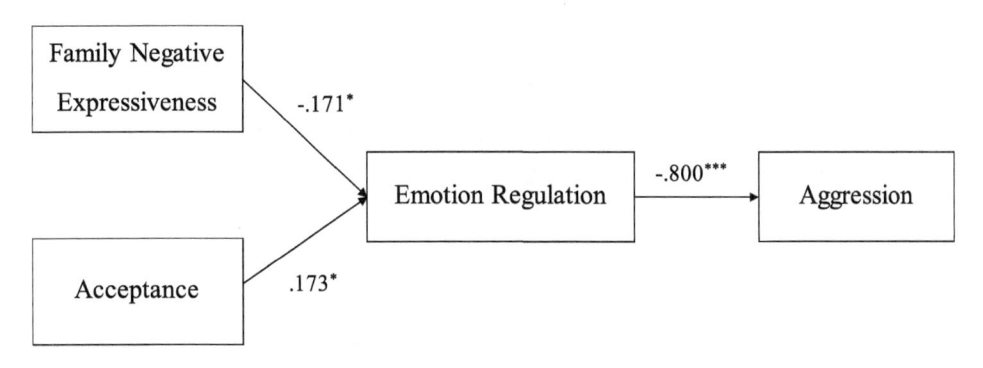

图6-1　家庭消极情绪表达影响儿童情绪调节和攻击的中介效应模型

注：$*p < 0.05$，$***p < 0.001$，引自Ramsden等人[25]。

为了对这一研究结果做进一步验证，Liew等人[18]采用观察法测量亲子互动过程中父母的情绪表达，同时将儿童的情绪调节分为生理调节和行为调节两个方面，考察父母情绪表达对儿童情绪调节作用过程影响，以及最终对儿童内外化问题和社会适应的作用。路径分析结果表明，父母情绪表达会作用于儿童的生理性情绪调节，并进一步作用于行为调节过程，最终对儿童的社会适应产生影响，如图6-2所示。这一研究结果说明，观察法与问卷法所测量到的父母情绪表达对儿童情绪调节和社会适应的作用效果是相同的。

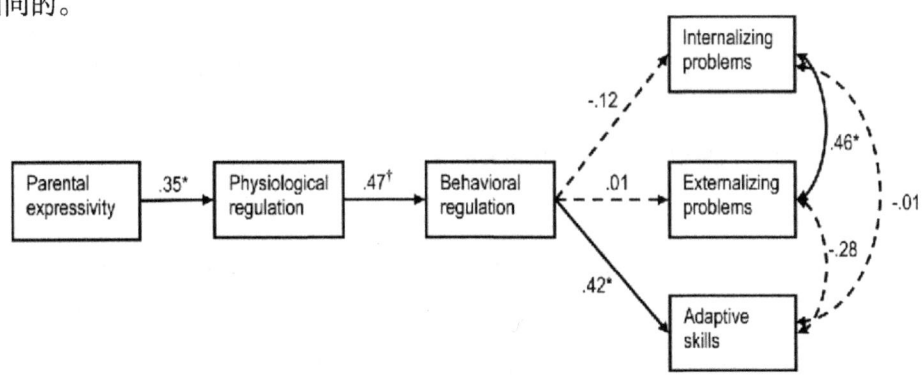

图6-2　父母情绪表达影响儿童情绪调节过程和社会适应

注：引自Liew等人[18]。

此外，Chen等人[15]采用纵向追踪设计，开展了一系列的研究对中国家庭中父母的情绪表达及其对儿童情绪发展的影响进行探讨。Chen等人采用间隔3.8年的追踪研究，在中国样本中考察了父母的情绪表达对儿童外化问题的纵向预测作用。该研究测量T1时间点的父母情绪表达、父母权威型和专制型教养方式、家庭社会经济地位和儿童的外化问题，并于T2时间对儿童的外化问题再次测量。采用结构方程模型进行数据分析，结果表明，在控制了权威和专制型教养方式的预测作用之后，T1时间点父母的消极情绪表达会正向预测T2时间点儿童的外化问题，而T1时间点父母的积极情绪表达对T2时间点儿童的外化问题并无显著预测，如图6-3所示。这一研究结果说明，父亲情绪表达对儿童情绪与社会适应的影响在中国文化背景中也依然存在，并且父母的消极情绪表达对儿童问题行为的影响可能相比于积极情绪表达更加持久。

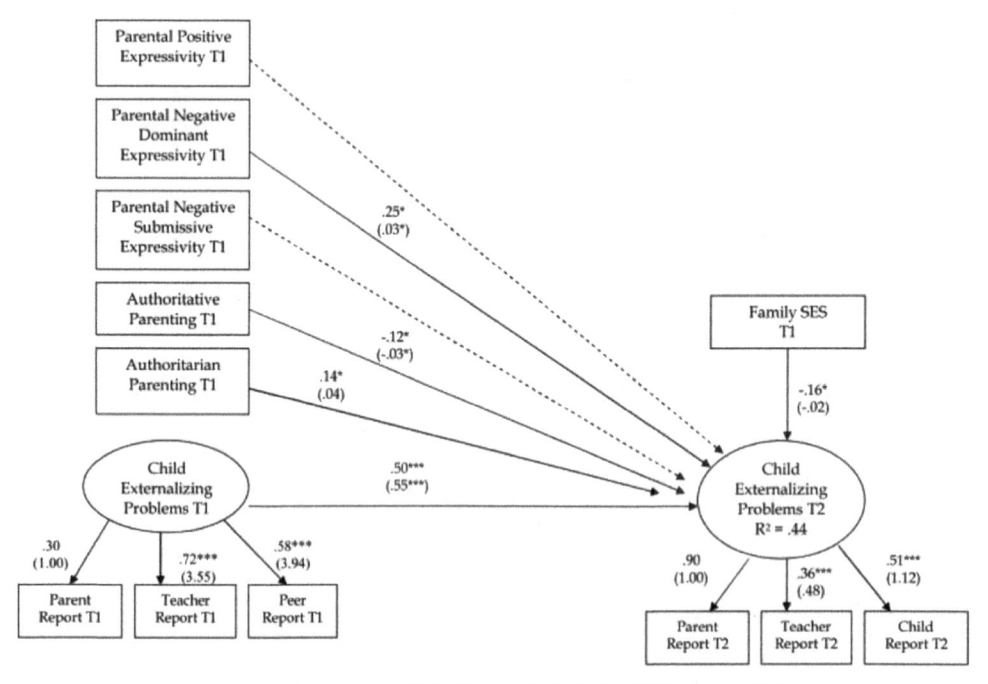

图6-3 中国样本中父母情绪表达对儿童外化问题的纵向预测作用

注：引自Chen等人[15]。

此外，Chen等人[31]的研究考察移民美国的华人父母的文化表征是否会影响他们的情绪表达，进而影响子女的情绪调节。他们分别采用自我报告和对亲子互动中父母情绪表达进行观察来测量父母的情绪表达，并采用路径分析考察父母的情绪表达分别与父母在语言精通程度、媒体使用和社会关系这几个领域的中美文化表征，以及与父母和老师共同评定的儿童情绪调节的相关关系。如图6-4（a）、（b）、（c）所示，相比起亲子互动中观察到的父母的情绪表达，父母的文化表征更多表现出与自我报告的父母情绪表达具有显著相关。另外，尽管父母自我报告的情绪表达仅仅与他们报告的儿童情绪调节具有显著联系，亲子互动中观察到的父母的情绪表达却与父母和老师报告的儿童情绪调节均具有显著相关。

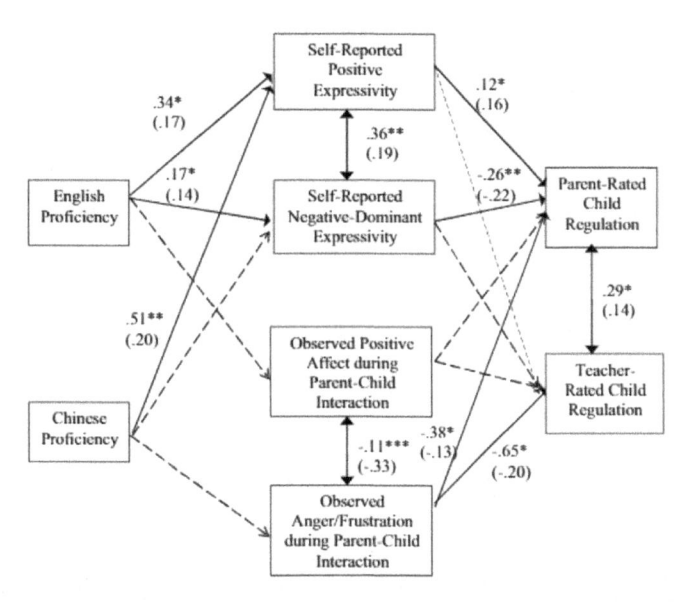

图6-4（a） 中国与美国的语言精通程度、父母的情绪表达与儿童情绪调节的关系

注：引自Chen等人[31]。

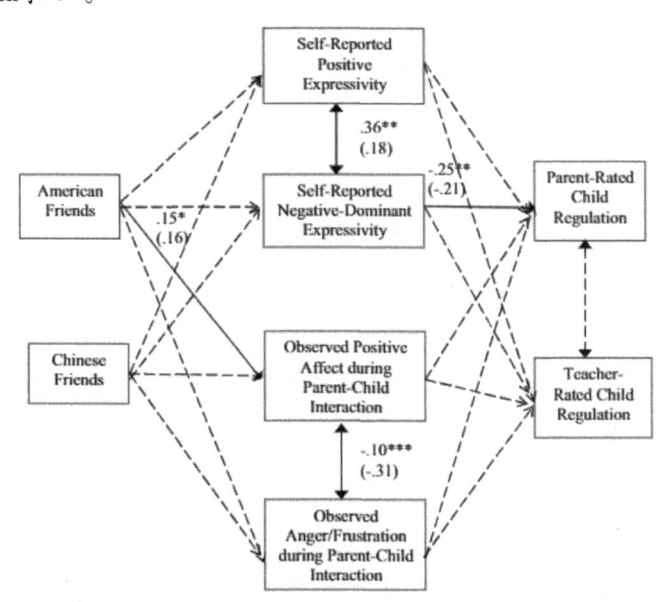

图6-4（b） 中国与美国的社会关系、父母的情绪表达与儿童情绪调节的关系

注：引自Chen等人[31]。

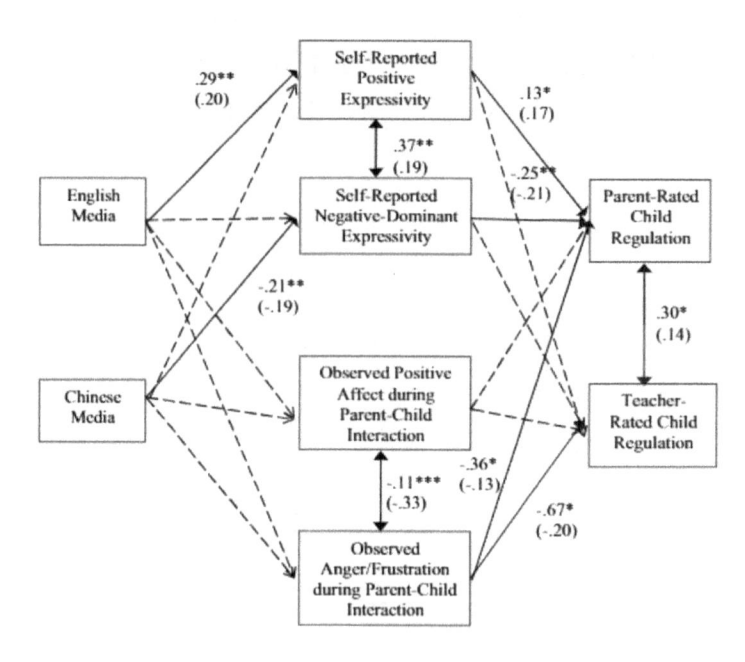

图6-4（c） 中国与美国的媒体使用、父母的情绪表达与儿童情绪调节的关系

注：引自Chen等人[31]。

尽管已有大量研究证实父母情绪表达与儿童情绪调节之间的显著联系，这些研究始终存在的局限是它们多关注的是学步期或年幼儿童，以及母亲的情绪表达，而比较缺乏对于儿童中晚期和青少年期以及父亲的情绪表达的考察。父亲激活理论指出，父亲与儿童的互动主要以激励为目标，而非建立情感联结。通过参与亲子互动，父亲不仅在身心各个方面对儿童起到引导与激励的作用，同时也能够为儿童提供练习情绪调节技能、掌握恰当情绪表达规则的机会[32-34]。有证据表明，母亲和父亲在儿童情绪应答方式上存在差异[35]。此外，当控制了母亲与儿童的情绪互动时，父亲与儿童的双向积极情绪互动与儿童病理症状具有独特联系[36]。这些研究发现一致说明父亲对儿童情绪发展具有独特的预测和影响。

Li等人[26]采用实时观察法对85个中国家庭中父亲与学龄儿童的亲子互动展开调查研究，基于微观动态的视角，考察挫折任务解决过程中父亲的情绪表达与儿童的情绪表达在个体内水平上呈现出的共变关系，同时考察父亲情绪表达的时间变异性是否受父亲的情绪理念和感知儿童情绪调节能力所决定。研究者以五秒钟为一个短暂的时间间隔，对每个时间间隔内父亲和儿童的情绪表达进行编码（消极、中性和积极情绪表达分别编码为-1、0、1）。如此一来，三分钟的互动过程可分为三十六个时间间隔，每个间隔均对应父亲与儿童的一个情绪表达分数。研究者对每四个时间间隔内的情绪表达分数进行平均，从而获得父亲与儿童各自九个情绪表达分数。研究者采用时间序列分析模型和多水平模型，检验个体内水平上父亲与儿童情绪表达的双向关系，以及父亲情绪表达的时间变异性及个体差异。

时间序列检验结果表明，父亲与儿童的情绪表达均能够预测同一时间间隔中彼此的情绪表达，但却不能预测下一个时间段内彼此的情绪表达。也就是说，他们情绪表达的双向影响仅存在于同一时间段内。此外，潜增长模型分析结果表明，三分钟内父亲的情绪表达整体呈积极性，但其积极情绪性的程度会随着时间推移而有所下降；儿童情绪表达整体也呈积极情绪性，但其积极情绪性的程度并没有随着时间推移而显著变化。最后，多水平模型分析表明，父亲越倾向于认为儿童的消极情绪有害，他们在互动初始阶段的积极情绪性越弱；而父亲越倾向于认为子女的情绪调节能力较好，他们在互动初始阶段的积极情绪性越强，并且随着时间推移而表现出的积极情绪性下降越不明显。

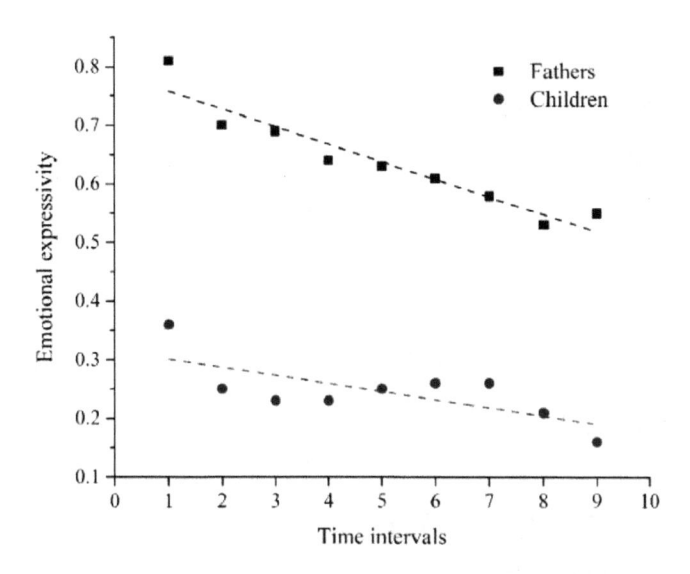

图6-5　实时亲子互动中父亲与儿童情绪表达的变化轨迹

注：引自Li等人[26]。

第二节　父母与孩子的情绪谈话

日常生活里，情绪社会化过程中时常会面临着不同情境的情绪谈话，并且这些情绪谈话是对孩子情绪进行应答的重要组成部分[11]。最近的一些研究发现再次印证了众所周知的常识，那就是情绪教导者与孩子进行情绪或情绪调节相关的交流与沟通，能够促进孩子社会情绪的发展。家庭成员之间的情绪谈话不仅仅在于相互支持，还能够培养孩子对自己情绪状态的觉知能力以及促进他们其他方面情绪能力的发展[37]。作为日常生活中亲子沟通的重要形式，父母能够通过情绪谈话着重强调某些类型的情绪，解释这些情绪的产生原因及其后果，以及帮助儿童理解情绪体验和情绪调节。因此，如果父母比较提倡儿童主动与父母沟通他们自己的情绪体验，这些儿童能够更好地理解他人的情绪。因此，这些儿童往往能够具备比较好的情绪和社会能力。相反，如果一个家庭中，情绪（尤其是负性情绪）经常得不到有效讨论，这些家庭中的儿童则无法接触到情绪方面的信息，从而他们会认为情绪不应该被表达出来，以至于这些儿童的情绪与社会能力都不会发展得很好。

一、亲子情绪谈话的内容

前面提到的父母情绪应答与情绪表达可以指具体的情绪社会化教养行为，而情绪谈话则更像是一种情绪社会化途径，它可以包含多种内容。因此，不同研究者分别针对不同的情绪谈话内容展开研究，考察父母与孩子之间的情绪谈话对儿童情绪社会性发展的影响。通过对相关实证研究的总结发现，情绪谈话的内容主要体现在：谈话中提及情绪名称、解释情绪产生的因果、对积极和消极情绪的谈论等方面[38]。由于情绪谈话具有情境性，因此对情绪谈话内容的测量方式主要以观察法为主。研究者往往会通过一些经典的谈话任务范式（绘本故事讲解、就某一情绪相关事件或往事进行讨论等），来观察情绪谈话过程中父母的谈话内容及其侧重点。

（一）提及情绪名称

鉴于日常谈话对儿童社会化的重要性，母亲与孩子之间谈话的方式与内容对儿童情绪与道德发展十分重要。既往大量研究证实，亲子之间的情绪谈话对儿童的情绪与道德理解能力具有促进作用[39-42]。同时，母亲对情绪的谈论不仅有利于儿童的情绪理解，同样能够促进儿童自己在谈话中对情绪的提及[43]。同样，Laible和Thompson[42]的研究发现，母亲在谈论儿童过往的正确及错误行为时，对情绪的提及越多，儿童早期的道德心发展的水平越高。因此，谈话内容中对情绪的涉及越多，越有助于儿童掌握道德原则和情绪观点采择能力[44]。

谈话中提及情绪名称是指父母与孩子进行情绪谈话时，仅仅会提到一些情绪相关的内容，却并没有对这些情绪相关内容进行更加深刻地详述或解释。例如，Garner等人的早期研究证实，与3—5岁的学龄前儿童一起看图画书时，如果母亲只是提及情绪名称而不对其加以详述的话，母亲的这种行为与幼儿的情绪表达知识、情绪情境知识以及情绪角色采择均无显著关联[45]。与此同时，加纳的另一项研究只是给母亲和18—38个月的学步儿童呈现分别代表四种不同情绪（高兴、悲伤、恐惧和愤怒）的玩具娃娃，而没有提供任何有关玩具娃娃情绪原因的信息，并要求母亲和儿童一起谈论每个玩具娃娃。结果发现，母亲只是简单提及情绪名称，而没有进一步的解释和澄清，并且母亲的这些行为同样与儿童的问题行为和移情反应无显著联系[46]。然而，Garner的另一项研究却发现，母亲和孩子共同阅读图画书时，虽然只是简单提及情绪名称的行为，但却能够正向预测学龄前儿童的身体攻击行为[47]。这些发现可以说明，母亲提及情绪名称并不能教会孩子如何进行情绪表达，因此也不会促进儿童的情绪和社会技能的积极发展。换句话说，母亲对情绪的简单提及无法为儿童现有的情绪知识提供新的指导信息。

除了加纳的系列研究成果之外，还有研究者分析了母亲与30个月龄幼儿在回忆过去事件和阅读图画书时的情绪谈话，并且发现这种谈话与孩子半年后情绪理解和道德发展之间存在显著联系，表现为母亲无论在谈论幼儿良好行为或不良行为时，涉及情绪状态词汇的谈话都不能预测幼儿情绪理解能力的发展水平，但是母亲在谈论幼儿不良行为时情绪词汇的谈论频率可以正向预测幼儿行为规则的内化水平，即可以预测幼儿早期的道德发展状况[48]。

(二) 关于情绪的详述解释

关于自传式记忆的研究者发现，家长往往通过两种不同的方式与孩子谈论过往事件[49-51]。采用"详细解释"这种方式的母亲能够在讨论事件时提供较多的背景线索信息，并且会采用大量开放式提问的方式来询问儿童关于自身的经历体验。与此相对，采用"复述性"方式的母亲在谈论过往事件时并不会提供过多的细节信息，她们往往会重复性地提及一些问答式的问题。这些研究者发现，以"详细解释"为主要情绪谈话方式的母亲比"复述性"的母亲更能够让孩子对既往经历拥有全面综合以及细节性

的记忆[49-52]。

在这些研究发现基础上,研究者推测,母亲不同的叙事方式可能对儿童的情绪与道德理解能力发展也具有不同的影响[42,53]。当谈论过往经历时,采用详细解释的母亲不仅对儿童对这些事件的记忆有显著影响,同时也能够加深儿童对道德与情绪的理解与判断能力。Laible的研究[44]发现,儿童30个月的时候,母亲采用详细解释这种方式与他们进行谈话,能够促进儿童在36个月时候的情绪理解与道德心的发展。Garner等人[47]的研究发现,当母亲对着图画书给孩子讲故事时,母亲对情绪的解释次数越频繁,这些孩子对情绪情境的理解能力更强,并且表现出更多亲社会行为。由此说明,母亲对情绪的解释能够有效促成儿童的情绪感受,同时也能培养儿童对周围情绪线索的敏锐感知力。Brownell等人[48]的研究也发现,在讲故事的过程中,母亲越是能够引导儿童对故事主人翁的情绪产生过程进行解释,儿童越能够表现出分享行为。另一项研究分别在"共同谈论过去的情绪相关事件"和"讲绘本故事"这两种任务情境中考察母亲对情绪的解释以及母亲对情绪的讨论与儿童情绪理解能力的关系[44]。结果发现,当母亲与孩子共同回忆发生在孩子身上的既往事件时,母亲对该事件的解释越多,这些儿童往往表现出更好的情绪理解能力。同样地,讲故事任务中,母亲对于故事人物心理活动的表述越多,儿童表现出更好的行为控制能力。这些发现说明,母亲越能够从情绪和道德层面对真实或虚拟的人物感受进行描述与解释,儿童的情绪与道德认知与体验也越能够得到强化,并且更加能够对此类事件进行反思,对自己与他人的内心感受进行剖析与共情,从而发展出较好的情绪理解能力。

Van der Pol等人[54]考察了父亲与母亲的问题行为和情绪谈话行为对学龄前儿童社会情绪发展的影响。在这项研究中,每一对父亲—孩子、母亲—孩子会分到一本绘本,共由八幅图片组成,这些图片分别描述了不同的面部情绪:愤怒、恐惧、哀伤和高兴,要求父亲和母亲以绘本故事的形式分别与孩子进行情绪相关的对话。实验者会记录谈话中的三个方面,以反映亲子情绪谈话的内容:(1)对情绪的谈及;(2)对情绪表达行为的谈及;(3)对情绪产生原因的谈论。表6-1列举了每一种情绪谈话内容的编码样例。

表6-1 父母与孩子情绪谈话编码样例

情绪谈话的三个方面内容	样例
对情绪的谈及	
询问	"她有什么感觉？"
标识	"这个孩子看起来正在生气。"
将孩子引入谈话	"昨天你也生气了，对不对？"
将他人引入谈话	"你的妹妹有时候也会伤心难过。"
对情绪表达行为的谈及	
询问	"他哭了吗？"
标识	"她正在跺脚呢。"
将孩子引入谈话	"你前几天也哭了对不对？"
将他人引入谈话	"他正在尖叫，就像约翰那个样子。"
对情绪产生原因的谈论	
标识	"他为什么尖叫呢？"
将孩子引入谈话	"她的秋千坏了，所以她才会悲伤。"
将他人引入谈话	"你会害怕深水区吗？"
对情绪产生原因的谈论	"如果不让吃糖果的话，丽莎也会生气的。"

注：引自van der Pol等人[54]。

（三）对积极和消极情绪的谈论

父母与孩子对积极与消极情绪进行谈论，对儿童的情绪与道德理解能力均具有促进作用。Laible的研究[44]发现，无论是讲故事还是追忆既往事件的谈话中，母亲对针对情绪的讨论与儿童的社会道德能力密切相关。然而，情绪的效价与谈话的情境仍然是决定情绪讨论对儿童发展产生影响的关键因素。在追忆过往事件的谈话中，母亲对积极情绪的讨论（如骄傲、愉悦和高兴等）与儿童的情绪理解和亲社会行为显著相关。与此同时，追忆过往事件的谈话中，母亲与孩子对消极情绪的讨论能够促进儿童建构积极的人际关系理念。相反，在讲故事过程中，亲子之间对消极情绪的讨论却对儿童建构积极的人际关系理念起着反作用。

Garner等人[47]的研究聚焦于母亲与学前儿童的绘本故事阅读任务，考察母亲对积极和消极情绪的关注程度与儿童亲社会行为和攻击行为的关系。因此，在讲故事过程中，母亲在谈话中所涉及到的积极与消极情绪的频次被记录下来。积极情绪主要包括高兴、愉悦、幽默、兴奋等，消极情绪主要包含悲伤、愤怒、恐惧、恶心、内疚等。相关分析结果表明，母亲对积极情绪的谈论频次与儿童感知愤怒的偏向性具有负相

关。然而，当母亲对积极和消极情绪的谈论频次与母亲对情绪的评论与解释同时预测儿童的攻击行为与亲社会行为时，母亲对积极情绪的谈论频次对儿童身体攻击的独特作用仅呈边缘显著性，并且预测作用为负向预测。这仍然说明母亲对情绪的评论与解释比起母亲对情绪的谈及更能显著预测儿童的情绪发展。

为了对日常生活中亲子之间关于积极与消极情绪的谈话进行细致地比较，Lagattuta和Wellman[55]采用十分贴近实际生活的调查方式，对六名2—5岁孩子与他们的五名家长的日常情绪谈话进行追踪记录，每个参与者的平均谈话记录时间长达50个小时。研究者从中记录他们在日常谈话中所涉及的70多种积极与消极情绪，从而考察他们对积极与消极情绪的谈论在情绪事件发生顺序上（过去发生的或者未来将要发生的）、在情绪产生原因的讨论上、在情绪所产生结果的谈论上，以及在情绪引起其它内心感受的谈论上是否存在显著差异。结果发现，家长与孩子在谈论过去的情绪经历、情绪的产生原因以及情绪所引起的其它内心感受这几个方面均表现出所涉及的消极情绪类型多过积极情绪类型。同时，他们对消极情绪的谈论所涉及的词汇内容更多更广，谈话中包含更多的开放式问答，并且也会更多地谈及到他人。此外，这些差异往往在儿童未满3岁之前就已经出现，并且贯彻整个学龄前期。

二、亲子情绪谈话与儿童情绪发展的实证研究

前面列出的实证研究已经涉及到情绪谈话的主要测量范式，其中以绘本讲故事和追忆既往事件最为典型。除此之外，有少量研究通过对亲子之间情绪冲突话题的讨论来测量父母与孩子的情绪与生理调节过程[56-57]，当然这种测量范式实际上也属于对既往事件的讨论。尽管目前对亲子情绪谈话的测量范式仅限于这两种，然而现有实证研究通过这两种谈话范式，却能够对一系列有关儿童情绪发展的研究主题展开探讨。下面我们将罗列出一些较典型的关于亲子情绪谈话与儿童发展的实证研究。

（一）病理症状儿童VS正常儿童

Suveg等人[58]考察了情绪社会化与儿童焦虑症之间的关联。他们分别对26名8—12岁的焦虑症儿童和正常同龄儿童与母亲之间的情绪谈话进行观察记录，他们对儿童经历过的焦虑、难过和愤怒进行讨论。研究者对每一对亲子情绪谈话的持续时间、孩子与母亲所使用情绪词汇的比例、积极与消极情绪词汇在谈话中出现的频次、对情绪的阐释性谈论，以及母亲对情绪谈话的促进与鼓励进行编码和记录。结果表明，焦虑症儿童的母亲比孩子进行情绪谈话的频次更少，比正常儿童的母亲更少使用积极情绪词汇以及更不鼓励孩子进行情绪谈话。同时，正常儿童与他们的母亲在情绪谈话中比焦虑

症儿童及其母亲具有更多的情绪表达。这些差异性结果说明患焦虑症儿童的家庭中，情绪谈话和情绪表达往往低于正常水平。

在此基础之上，Suveg等人[59]继续对焦虑症和正常儿童与他们的父亲和母亲之间情绪谈话展开调查。父亲和母亲分别与孩子针对孩子曾经经历的焦虑、愤怒和愉悦展开五分钟的情绪谈话。结果发现，与正常儿童的父亲相比，焦虑症儿童的父亲在情绪谈话中对情绪的解释更少，并且这些父亲与男孩的谈话中对积极情绪的提及较少，而对消极情绪的提及较多。母亲与孩子的互动也表现出类似的差异模式。当谈论焦虑和愤怒情绪事件时，焦虑症儿童比正常儿童表现出更少的积极情绪以及更少使用有效的情绪调节策略。另外，无论是焦虑症儿童或是正常儿童，父亲与男孩的情绪谈话比与女孩的情绪谈话投入更多。

（二）情绪谈话中的性别差异研究

Aldrich和Tenenbaum[60]的研究针对愤怒、悲伤和挫折这三种带有性别刻板化的情绪，考察早期青少年与他们的父亲和母亲的情绪谈话如何受到他们性别的影响。为了对父亲—孩子与母亲—孩子的情绪谈话分开考察，研究者通过两次家访，分别对父亲与母亲与孩子的情绪谈话进行单独调查，每一对父亲—孩子、母亲—孩子组合需要对两个道德两难话题进行讨论。与以往对性别刻板化情绪表达的研究发现一致，女孩比男孩在谈话中使用更多的情绪词汇。然而，在三种性别刻板化的情绪类别上，却出现与预期相反的结果，即男孩与父亲的谈话中对悲伤情绪的谈话内容所占比例高于女孩，而女孩与父亲和母亲的谈话中对挫折情绪的谈及比例均高于男孩。母亲和父亲在与女孩进行谈话中，他们对挫折情绪的谈及比例也高于与男孩的谈话。另外，在关于愤怒情绪的谈论上，并未出现显著的性别差异。这些研究发现挑战了现有研究有关情绪表达性别刻板印象的传统认识。

Cassano和Zeman[35]以62名平均年龄8岁的孩子以及他们的父亲和母亲（父亲38人，母亲59人）为研究对象，旨在考察当孩子对悲伤情绪的管理能力没有达到家长们的预期时，家长是否会以此来调整自己的情绪社会化行为。62对亲子组被随机分到两种实验条件中去，一种实验条件为实验者会向家长反馈孩子在情绪诱发任务中表现得比较正常，另一种实验条件下，实验者向家长反馈孩子在情绪诱发任务中的表现没有达到理想的预期。研究结果表明，收到反馈的两组家长在随后与孩子的情绪谈话中，家长的情绪谈话内容出现了显著差异。与对照组相比，认为孩子对情绪的调控行为未达到自己的预期的父亲在随后的亲子情绪谈话中对情绪的提及更少，而对情绪起因的解释

则更多。而母亲则表现出对孩子情绪的提及更多，而对孩子情绪的应答更少。这一结果说明，当父亲和母亲感到孩子对情绪的掌控能力未达到自己理想的预期时，他们在与孩子进行情绪谈话中的策略和行为都会相应地改变。然而，父亲和母亲对此做出的改变却并不一致，由此说明情绪社会化教养中可能存在现在的父母性别差异。

另外，Cassano等人[61]的另一项研究同样在观察亲子情绪谈话时考察了性别差异。该研究对79个家庭中的父亲、母亲和学龄儿童进行了观察研究。结果发现，母亲和父亲在与子女所经历的悲伤情绪事件进行谈话时，他们并未针对子女性别做出不同的支持性反应。然而，当要求父亲与母亲相互报告他们的配偶在面对假想情绪时是否会对儿子和女儿表现出不同的情绪应答，父亲会认为母亲会对儿子表现出更多的支持性应答，而母亲则认为父亲会对女儿表现出更多的支持性应答。这一发现可能反映出父亲和母亲由于受到社会称许效应的影响，从而在实际的情绪谈话中对子女表现出比平时更多程度的支持性。然而，根据父亲与母亲对彼此情绪应答行为的评估，我们推断，日常生活中，父亲和母亲在与子女的情绪谈话中，可能会针对子女性别的不同而表现出不同的行为模式。

Van der Pol等人[62]的研究旨在对学步期至学龄前期儿童与父亲和母亲的情绪谈话进行考察，检验父母对男孩和女孩的情绪社会化方式是否存在性别差异。该研究采用观察法，对317个家庭中父母与孩子围绕图画书展开的情绪谈话进行调查研究。每本图画书上包含愤怒、恐惧、悲伤、愉快这四种情绪。结果表明，母亲比父亲更倾向于对情绪进行详细解释。父母在与男孩谈论愤怒情绪时所使用的性别化标签（如谈话中刻意强调男孩和女孩的性别、他和她等这种性别标签）的次数高于与女孩的谈话，而当他们在谈论悲伤与愉快情绪时，父母对性别标签的使用情况在男孩与女孩中恰恰相反。这些结果说明，父母在与孩子进行情绪谈话中会刻意向孩子输送性别刻板意识的相关信息。

这些研究发现说明，亲子情绪谈话中的确存在显著的性别差异，既体现在父亲与母亲性别角色的不同上，也体现出他们对男孩与女孩性别角色差异上。然而，有关这两种性别角色差异的具体模式，目前研究尚未形成一致的看法。这些不统一的发现可能是由于这些研究所采用的任务范式（对具体情绪的讨论、讲故事、讨论经历的事件）以及它们所关注的具体谈话内容（提及情绪、解释因果、情绪应答等）存在差异所造成。

（三）亲子情绪谈话的文化差异研究

由于不同文化背景人群对情绪表达规则和一些基本情绪的理解上存在差异[63]，从而使得父母对儿童的情绪社会化教养方式也会深受他们自身所秉持的文化习俗观念所影响[64]。由于中美文化在情绪体验和表达上的显著文化差异，因此研究者们常常关注中美家庭中亲子情绪谈话的差异性，并由此揭示出文化观念对父母情绪社会化教养的影响。

Tao等人[65]的研究考察了中美文化价值取向对美籍移民华人母亲与他们的孩子之间情绪谈话的内容和质量的影响。该研究选取187名美籍华人学龄儿童与他们的母亲作为被试，对母亲与孩子看绘本说故事这一环节进行观察，记录母亲所提出的与情绪有关的问题、母亲对情绪的详细阐述以及情绪谈话的质量。研究者根据母亲在谈话中所涉及的细节程度与深度、向孩子传递情绪相关信息的丰富程度，以及在情绪谈话过程中母亲对孩子的鼓励程度这几个方面，对母亲的谈话质量进行五点评分。结果表明，当家庭社会经济地位、母亲与孩子的年龄、谈话的长度和详细度，以及母亲语言使用情况等无关变量被控制之后，母亲的中国文化价值取向会导致她们在谈话过程中提出更少的情绪相关问题、更少的情绪阐述与更低的情绪谈话质量。尽管目前的美国文化价值取向与她们所使用的积极情绪词汇和情绪解释程度呈正相关，然而，当扣除了以上无关变量的效应之后，它们之间再无显著相关。这些研究发现说明母亲所持有的文化价值取向对她们与孩子的情绪谈话方式及质量具有直接影响。

不同于Tao等人的研究仅仅关注于华人移民家庭，Wang的研究[66]同时对比了中国本土家庭与美国华人移民家庭在亲子情绪谈话过程中所采用的叙事方式是否存在文化差异。Wang认为，作为第一代移民美国的家长们，她们大多数是在成人期之后移民国外，已经错过了文化适应和吸收的最敏感时期[67]，因此她们很大程度上仍保留着中国传统的文化观念[68-69]，并且体现在她们在对孩子进行社会教养的过程中。相反，中国本土的家长在经历了巨大的社会转型和西方文化冲击之后，家庭养育的观念与意识形态也由此发生转变[70]。受到计划生育政策的影响，家长在养育孩子过程中更加注重培养孩子的独立意识和自我表达，这与西方家庭的教养观念是极其一致的[71-72]。因此，在情绪社会化过程中，家长可能会竭尽所能地引导孩子清楚表达和理解自己的内心感受。

基于这些理论假设，Wang的研究[66]对118名分别来自中国本土和移民至美国的母亲进行调查，采用观察法考察这些与她们的3岁孩子在关于两件过往事件以及讲故事的谈话过程中，她们对情绪归因和情绪解释的关注程度是否存在文化差异性。结果发现，

与中国本土母亲相比,一代移民美国的母亲在与孩子对过去经历的事件进行回忆时对情绪的归因解释更少,然而在讲故事中对故事人物的情绪归因解释更多,并且这些母亲在两种情绪谈话任务中谈及情绪起因和结果的频次显著低于中国本土母亲。相反,中国本土母亲与孩子的情绪谈话互动模式则更接近于西方式的亲子互动模式。

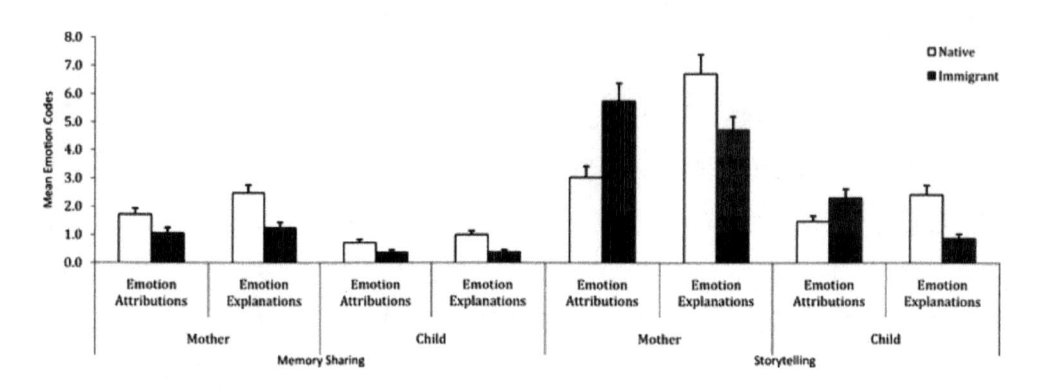

图6-6 中国本土母亲与移民美国母亲在追忆过往经历与讲故事中对情绪的归因解释

注:引自Wang[66]。

(四)基于动态视角的亲子情绪谈话

除了以上实证研究以外,最近几年,情绪调节的实时动态过程成为情绪调节研究领域的热点话题。不同于传统的静态研究对变量之间关系强度及其个体差异性的探讨,动态过程的研究将"随着时间出现的动态变化"作为关注点,考察情绪调节随着时间发展的动态过程。由于亲子互动具有动态特性,因此,在亲子情绪谈话过程中考察父母与子女的情绪调节动态过程为我们了解情绪调节提供了新的研究视角。

Cui等人[56]的研究采用观察法,考察了青少年与父母对曾经共同经历过愤怒情绪的事件进行讨论的过程中,青少年的生理情绪调节过程(心血管迷走神经反应,RSA)与他们对负性情绪的调节能力以及攻击和亲社会行为之间的联系。结果表明,青少年在情绪讨论过程中的心血管迷走神经反应性与他们对负性情绪的调节能力及亲社会行为具有非线性关系,表现为初始阶段RSA反应性的下降程度越高,以及后续的RSA的增长水平越高,青少年对负性情绪的调节能力越好,并伴有更多的亲社会行为,如图6-7所示。尽管该研究仅能说明青少年在与父母进行情绪谈话过程中的迷走神经反应性与他们的情绪与社会能力具有显著相关,无法判断它们之间关系的方向性,然而,该研究通过对情绪谈话过程中生理调节过程的实时监测,探讨了情绪调节的生理过程与青少年情绪及社会性能力的关联,从而有利于从生理的角度揭示情绪调节的机制与过程。

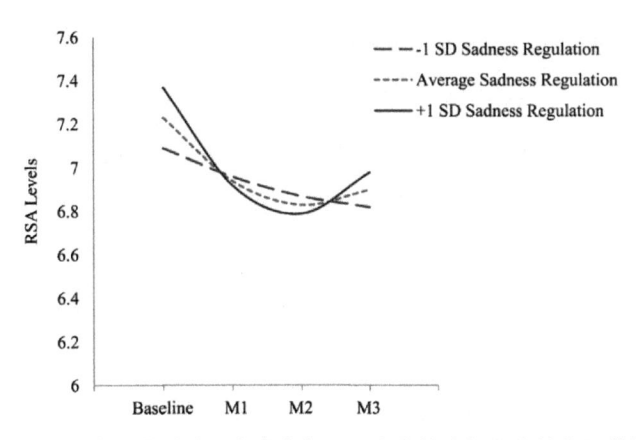

图6-7（a） 情绪谈话过程中青少年RSA变化轨迹与悲伤情绪调节能力的关系

注：引自Cui等人[56]。

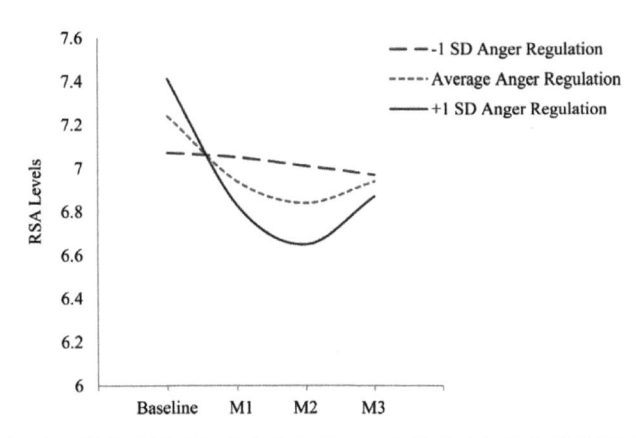

图6-7（b） 情绪谈话过程中青少年的RSA变化轨迹与愤怒情绪调节能力的关系

注：引自Cui等人[56]。

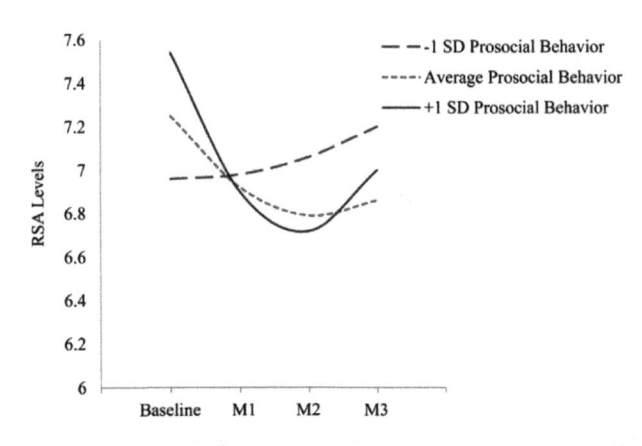

图6-7（c） 情绪谈话过程中青少年的RSA变化轨迹与亲社会行为的关系

注：引自Cui等人[56]。

父母养育与儿童的情绪调节

另一项研究基于Hollenstein等人[73]提出的"情绪灵活性三水平模型",分别在微观动态灵活性(micro-level dynamic flexibility)和宏观反应灵活性(meso-level reflective flexibility)这两个层面考察母亲与女儿在情绪谈话过程中的情绪表达的灵活性[74]。该研究选择五个情绪主题:愉悦兴奋、悲伤难过、骄傲自豪、愤怒挫折、感激,要求母亲与女儿依次按照这五个情绪主题,对他们所经历过的相关情绪主题事件展开谈话,每个情绪主题谈话限时三分钟。结果发现,母女关于五个情绪主题的连续谈话过程中,她们的情绪表达灵活性在个体差异上可分为三个潜在类别:低度灵活度、中度灵活性和高度灵活性。灵活性越高,说明母亲与女儿在不同情绪主题的切换过程中,情绪表达的变化性较强,反映她们会根据情绪情境的不同来调整自己的情绪表达。此外,越是可能在情绪谈话中表现出中度情绪灵活性的母女配对组,母亲抑郁症状越少以及母女关系质量更好;而越是可能在情绪谈话中具有低度情绪灵活性的母女配对组,母亲的抑郁、焦虑症状越多,母女关系质量越差。

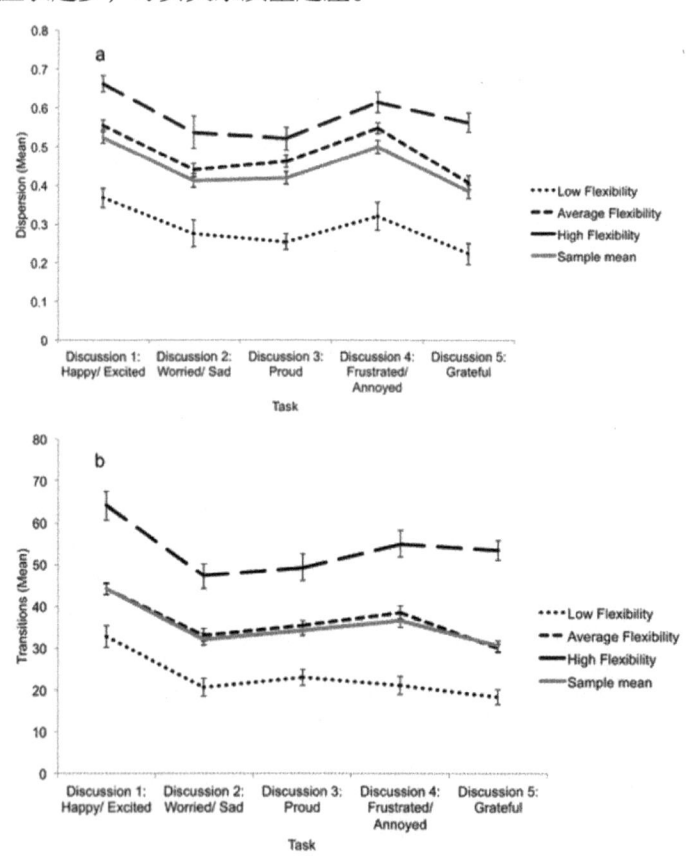

图6-8 不同情绪主题谈话中母女配对组合情绪表达的灵活性变化轨迹

注:引自Lougheed和Hollenstein[74]。

第三节 父母冲突

父母之间慢性的、敌意性的，并且无法得到顺利解决的矛盾冲突往往成为孩子情绪调节不良的示范，会加剧儿童的消极情绪反应，以及削弱儿童管理自身情绪的能力。有研究证实，长期暴露于敌意型父母冲突的儿童表现出更多的痛苦情绪反应和行为调节不良，以及更加强烈的情绪反应性和心理生理情绪失调[75-77]。这些研究发现可作为父母冲突与儿童情绪调节之间显著联系的有力证据。此外，其他一些证据表明，父母冲突对儿童的情绪调节可能存在间接效应，即表现出父母冲突与儿童情绪调节的联系会受到其他家庭作用过程，如父母教养或者家庭功能的中介作用。例如，高水平的父母婚姻冲突与亲子关系质量具有负向联系[78-79]，从而导致家庭功能更多方面的问题[80]。

一、父母冲突的相关理论

（一）家庭系统理论

家庭系统理论认为，父母婚姻关系亚系统以及父母与子女之间的亚系统相互依靠，共同作用于儿童的情绪发展[81]。例如，父母婚姻冲突所产生的负性情绪会蔓延至亲子互动中去，造成亲子之间带有负性情绪以及紧张感的互动[82]，并对儿童产生不安全型依恋带来不利影响[81,83]。研究表明，儿童的情绪失调与父母婚姻冲突有关联[84]，同时也与亲子之间的消极互动模式具有显著关联[11]。

家庭系统理论和依恋理论之间具有明显的相似之处[85-88]。有些相似之处体现在较宏观的理论和概念层面，比如这两个理论关注的都是对亲密人际关系的观点（什么让人们聚到一起，什么让人们分开，人们怎么应对冲突等等）。其他方面的相似之处可体现在微观层面上，例如安全型、矛盾型和回避型依恋与适应型、纠缠型和分离型家庭系统之间的对应一致性[85,88]。此外，两个理论之间却也存在区别。首先，依恋理论聚焦于亲子之间的保护、照料和安全感这几个方面，而家庭系统理论则关注的是家庭动力特性，比如家庭结构、角色、沟通方式、边界性和权力关系；其次，依恋理论关注的是亲子之间二价的关系，并且关注个体的内部工作模式，而家庭系统理论关注的是父亲、母亲和孩子三者之间的互动，关注的焦点是在小群体内部；第三，依恋理论更多关注的是儿童发展，而家庭系统理论更多关注的是成人的发展功能性；第四，依恋理论一直以来关注的是常态人群，而家庭系统理论主要应用于临床样本。有趣的是，处

于这两大理论阵营的研究者都更关注于二者之间的区别。

（二）情绪安全感理论

Davies和Cummings提出情绪安全感假说[89]，认为情绪安全感在婚姻冲突与儿童适应之间具有重要作用。Davies和Cummings认为，情绪安全感对于儿童的情绪调节与管理，以及他们面对婚姻冲突时做出的反应十分重要。情绪安全感被看作是儿童过去所经历过的父母婚姻冲突的产物，并且这种经历会继续影响他们的未来发展。因此，他们认为，当儿童在面临父母冲突情境时，他们感受到的情绪安全感会作为一个近端中介因素，在父母冲突与儿童发展结果之间起着中介作用。同时，这种情绪安全感也反映出儿童对父母冲突情境的内化，并形成相应的心理表征。

Davies和同事[90]提出，情绪安全感包含三个方面的组成成分：（1）情绪反应性；（2）面对父母消极情绪表达时表现出过度的控制；（3）对于父母冲突给自己和家人所带来后果的敌意性心理表征。这三个组成成分分别在不同程度上强化了儿童对安全感的感知。首先，伴随着强烈情绪反应的情绪唤起和不良情绪起初在高冲突家庭中是具有适应性的，因为它暗示了可能存在的潜在威胁。这种情绪唤起能够激活儿童的身体和心理资源，从而让他们能够快速的应对压力并保护他们的心理健康[91,92]。其次，当儿童的情绪安全感受到损害时，儿童可能会受到激发去使用资源来应对他们所面临的父母冲突。降低对人际威胁的暴露、避免或抵御冲突，是儿童在一定程度上重新获得情绪安全感的有效途径[93]。第三，主动建构关于父母冲突对家庭和自己所产生影响的一系列认知，能够为儿童识别与预测父母之间所发生的事情提供框架或图略，这对于避免儿童关于自我与家庭的幸福感受损也起到一定的作用[94]。因此，对于可能存在的危险建立起表征系统能够帮助儿童获得安全感。

情绪安全感的相关研究表明，亲子依恋对孩子情绪调节能力发展的促进作用取决于家庭系统里的其它变量[95-96]，例如父母婚姻关系、父母共同教养、整个家庭成员之间的互动关系等，这些不同的家庭子系统均有可能对儿童的情绪安全感产生相同或不同的影响。带有攻击性的婚姻关系无法让亲子之间形成安全型依恋，即使亲子之间仍保持着安全依恋，当面临不利的家庭环境时，儿童的安全感也受到威胁，从而也无法发展出良好的情绪调节能力[95]。Davies和Woitach在新的研究中对情绪安全感理论的概念框架（图6-9所示）进行详细论述[97]。

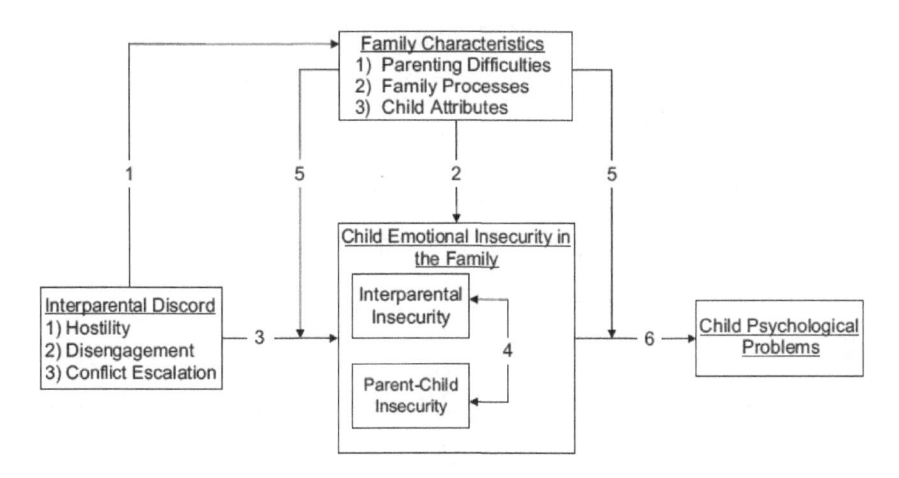

图6-9 父母冲突影响儿童心理适应问题的情绪安全感理论过程

注：引自Davies和Woitach[97]。

（三）认知情境理论

如图6-10所示，认知-情境理论强调对父母冲突的认知评估（cognitive appraisal）决定父母冲突对孩子的影响程度[98]。评估过程受到父母冲突特点（频率、强度、解决情况等）以及情境因素（比如情绪氛围）的影响，可以分为初级加工（primary processing）和二级加工（secondary processing）两个阶段。初级加工评估父母冲突的威胁性和自我关联性，二级加工评价冲突发生的原因以及自身的应对效能。

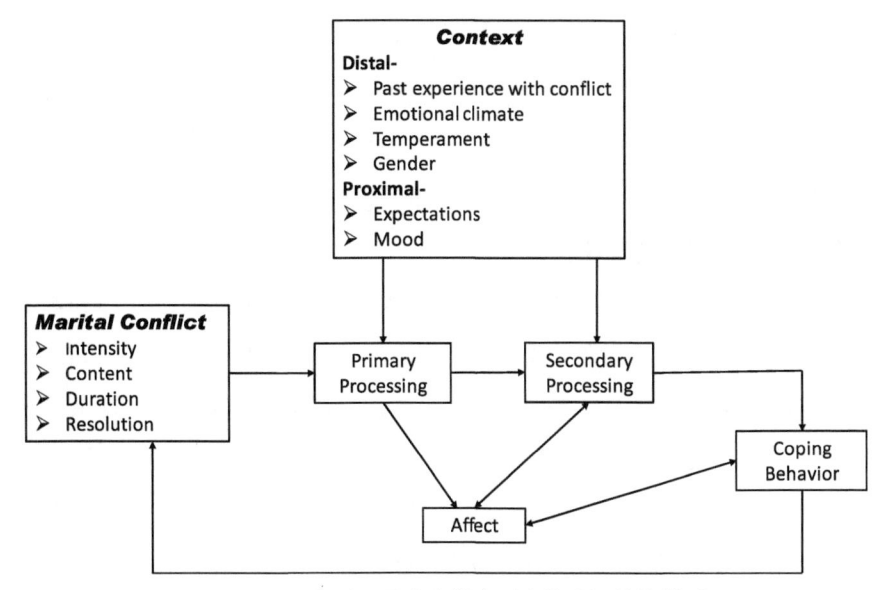

图6-10 儿童对父母冲突做出反应的认知情境模型

注：引自Grych和Fincham[98]。

认知情境理论模型认为，孩子对父母冲突的评估能够解释他们所目击经历的父母冲突是如何导致儿童非适应性发展结果的[98]。这种评估指的是孩子对父母之间互动关系的主观评价，从感知到的冲突起因、过程和结果方面来认识父母冲突的意义。尽管这种评估通常被认为是纯粹认知性的评估，但它也往往会带有情感的成分。例如，这种威胁评价不仅体现出孩子对某些重要事物的危险感知，同时也包含他们的恐惧情绪。认知情境理论通常会强调两种评估形式——对威胁的评估和对自责感的评估。对威胁的评估通常指儿童认为父母冲突会对他们自己及家人的幸福感造成危害，并因此表现出对父母冲突升级、是否导致离婚、是否也会让子女重蹈覆辙这些方面的焦虑感[6,98-99]。自责归因则体现为子女认为他们对于父母冲突的产生和解决应当负责任[6,98]。

由于子女对父母冲突的评估在父母冲突影响子女适应结果的过程中起着关键作用，因此十分需要了解儿童是如何对父母冲突做出特定评估的。其中影响他们冲突评估的一个关键因素是父母冲突是通过什么方式得以表达。据研究显示，当父母表现出较高水平的敌意和攻击、对冲突的无力解决，以及在与子女有关的话题上产生冲突时，儿童会报告更多的威胁与自责感，以及更多的情绪不良反应[100-103]。然而，在这个过程中，父母的情绪和行为表达方式并不能完全决定儿童的评估方式，即使当儿童面对几乎同样的、标准化的实验室冲突设定情境时，也存在显著的个体差异性[103]。

对父母冲突的评估被认为在父母冲突对儿童起作用过程中充当中介作用。例如，大量的实证研究（儿童年龄横跨七至十八岁）证实了儿童的评估在父母冲突与儿童适应问题之间起着联结作用[104-106]。特别需要注意的是，当儿童感知父母冲突的威胁水平越高时，他们会表现出更多的内化问题，当儿童报告父母冲突带给他们更多的自责感时，他们也会具有更高水平的内化和外化问题行为。

二、家庭冲突与婴儿的情绪表达

大量有关儿童中晚期的研究表明，父母婚姻冲突对儿童的情绪表达和调节具有危害[84]。父母婚姻冲突对于婴儿期儿童的情绪调节同样具有消极作用。例如，有研究发现，父母报告的冲突水平越高，婴儿表现出的情绪调节能力越差[107]。这项研究说明，即使婴儿才6个月大，也会受到父母婚姻冲突的负面影响，这种负面影响可通过婴儿较低水平的心血管迷走神经张力、较低水平的情绪调节以及他们在贝利婴儿发展量表上较低的得分（用于反映婴儿的发展水平）得以体现。此外，有关儿童中晚期的研究显示，当儿童亲眼目睹了父母的婚姻冲突时，婚姻冲突不仅对儿童的情绪发展具有直接效应，婚姻冲突的消极影响也会传递至亲子之间的互动，从而给亲子关系带来危害[78,82]。

然而，目前只有少数研究检验了父母婚姻冲突与儿童情绪调节和表达之间的关联路径。

有些研究通过对婚姻冲突的观察发现，父母冲突会让婴儿产生压力，从而导致情绪失调。例如，通过婴儿的大脑进行功能性核磁共振扫描发现，母亲报告的婚姻冲突水平越高，睡眠中婴儿的脑区仍然会对愤怒言语出现较高的神经反应。这一发现说明，婴儿在生活中时常暴露于高水平的父母冲突环境中，从而让他们更容易对消极言语产生较强的反应[108]。尽管目前只有少量研究关注婚姻冲突与婴幼儿情绪表达之间的关联，有一项研究发现，当父母之间存在危害性的冲突而不是可解决的冲突时，婴儿会出现更多的负性情绪[109]。此外，父母报告的带有言语攻击性的婚姻冲突与婴儿对婚姻冲突的接触程度会共同导致婴儿的消极退缩式的情绪调节[110]。这些研究说明，婴儿时期对父母婚姻冲突的直接接触会造成婴儿更多的消极与退缩型的情绪表达。

此外，也有大量的证据表明，婚姻冲突带给父母的消极情绪反应会蔓延至他们与儿童的互动中去，并进一步导致儿童出现情绪失调[78,84]。然而，Crockenberg等人[110]的研究是为数不多的既考察了父母婚姻冲突与婴儿情绪反应之间的直接联系，也考察了二者之间间接联系的研究。尽管这项研究并未发现母亲照料的质量会中介父母婚姻冲突与婴儿退缩情绪之间的联系。此外，父亲投入虽然在父母冲突与婴儿退缩情绪之间具有调节作用，父亲与婴儿的互动模式并没有在考察范围内，因此也无从知晓父亲的照料模式是否也在其中具有中介作用。

Frankel等人[111]的研究目的在于考察婴儿时期（分别在8个月和24个月时候）的父母婚姻冲突、父母对婴儿消极情绪的痛苦反应性，以及这二者的交互项对婴儿24个月时候的消极和退缩情绪的预测作用。父母的婚姻冲突、父母对婴幼儿消极情绪的痛苦反应均通过问卷法来测量，幼儿的情绪表达则通过对亲子互动进行观察，从中编码幼儿的消极情绪表达。结果发现，婴儿8个月时候的父母婚姻冲突会增加24个月时候父母在面对孩子消极情绪时的痛苦反应，从而加剧婴儿24个月时的消极情绪。

最近一项研究采用实时观测法，考察父母婚姻冲突对母亲与婴儿互动过程中各自的肾上腺皮质激素调节产生的影响[112]。如图6-11所示，该研究的实验程序如下：首先，在最初的30分钟内，要求家长参与者填写知情同意书、人口统计学信息、婚姻冲突和教养行为等相关问卷；接下来的10分钟内，父母参与者为即将展开的谈话任务做准备，并且在这10分钟内要求父母不能喝水。父母参与者被随机分配到"冲突话题谈话组"和"积极话题谈话组"中，主试要求每一对父母围绕几个经常引起冲突或积极

情绪的话题进行谈话，整个谈话过程持续10分钟；谈话结束后，主试对母亲的唾液皮质醇进行第一次采集。由于唾液皮质醇往往在接受刺激后20分钟达到最大反应值，并在40分钟之后恢复初始水平，此时采集的母亲唾液皮质醇水平实际反映的是母亲刚刚完成问卷填写时的皮质醇浓度。接着，母亲会和婴儿共同参与10分钟的半结构化的自由玩耍任务，并且在该互动任务结束后，主试第二次收集母亲的唾液样本。下一个环节，婴儿独自参与一项挑战任务，该任务目的为采用刺激物引发婴儿的恐惧与受挫情绪，共持续2—3分钟。在该挑战任务结束后，主试分别采集母亲的第三次唾液样本和婴儿的第一次唾液样本，并在此后的20分钟和40分钟时间节点分别对婴儿的第二次和第三次唾液样本进行采集。

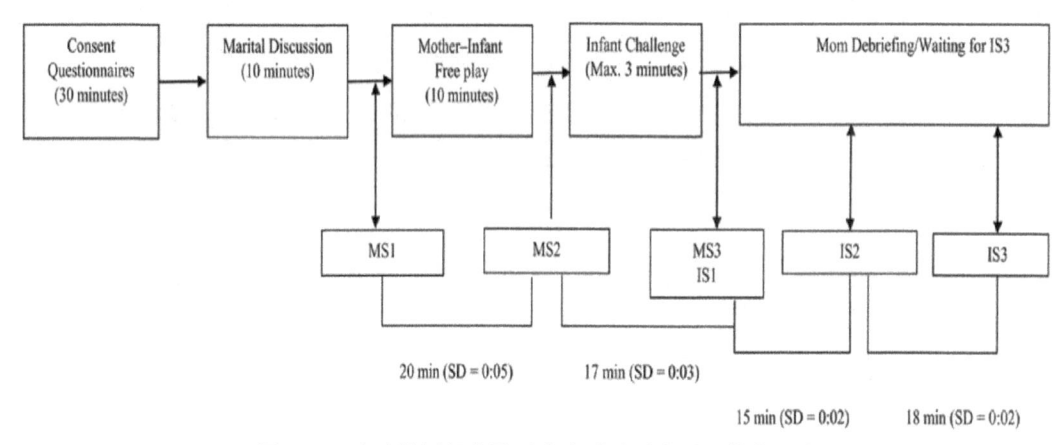

图6-11　实验施测程序及唾液皮质醇采集时间节点顺序

注：引自Hibel和Mercado[112]。

如图6-12所示，通过对母亲与婴儿三个时间点的唾液皮质醇水平测量发现，无论是冲突话题谈话组或者是积极话题谈话组，母亲与婴儿的皮质醇水平均表现为先增长、后下降的趋势，从而说明她们的皮质醇在受到刺激后出现应激反应，之后又恢复至初始水平的过程。此外，数据分析表明，父母进行谈话的话题性质（冲突vs.积极）并不影响婴儿皮质醇的变化轨迹。也就是说，无论父母进行冲突话题或者积极话题的谈话，这都并不影响接下来婴儿在与母亲的互动过程中以及在独自面对挑战任务时他们的皮质醇反应变化。

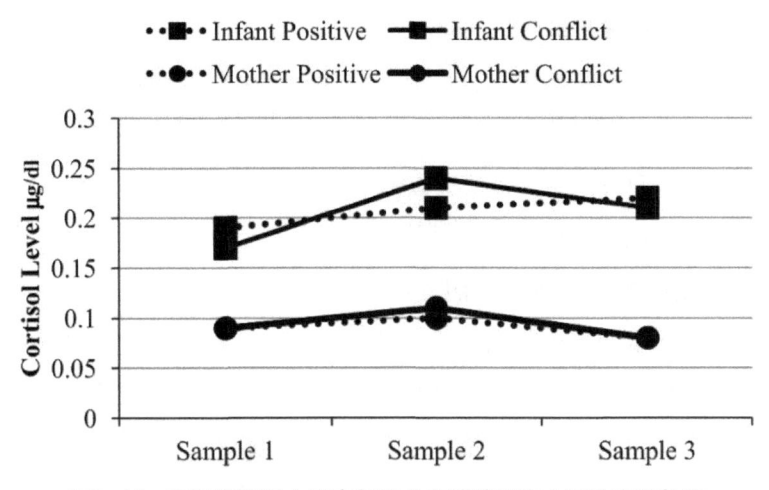

图6-12 不同谈话组中母亲与婴儿皮质醇反应水平的变化轨迹

注：引自Hibel和Mercado[112]。

然而，即使母亲与婴儿的皮质醇水平在S1时间节点时并无显著关联，母亲在结束谈话任务之后的皮质醇水平（S2）对婴儿在完成挑战任务后的皮质醇水平具有显著的正向预测作用。此外，对于父母冲突话题谈话组，母亲在S2时间节点上的皮质醇水平会显著预测婴儿S2时间节点的皮质醇水平，而父母积极话题谈话组则并无显著预测作用。同样，对于父母冲突话题谈话组，母亲在S3时间节点上的皮质醇水平会显著预测婴儿S3时间节点的皮质醇水平，而父母积极话题谈话组则并无显著预测作用。这些研究结果表明，相比于父母之间进行轻松积极的谈话，父母之间的冲突谈话极有可能引发母亲肾上腺皮质应激反应，并且母亲的这种反应极有可能通过亲子互动传递给婴儿，从而使婴儿在面对挑战刺激时也表现出类似的压力应激反应，因此表现为母亲与婴儿在肾上腺皮质反应模式上趋于一致。

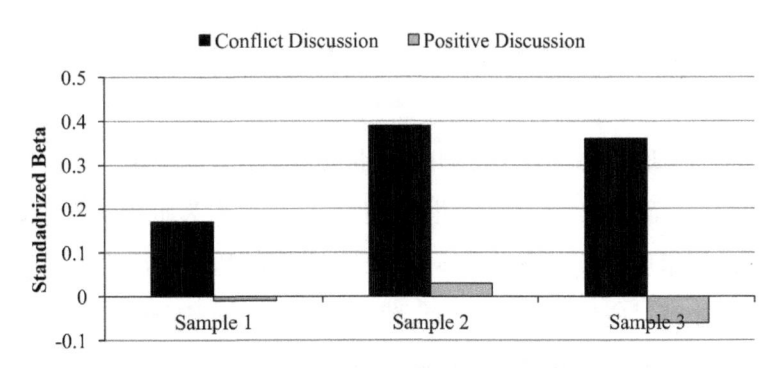

图6-13 不同时间节点采集的母亲与婴儿皮质醇水平相关程度

注：引自Hibel和Mercado[112]。

三、家庭冲突与儿童和青少年的情绪表达

家庭冲突对儿童情绪发展的负面影响不仅体现在婴幼儿时期，在儿童与青少年期也尤为显著。Schermerhorn的研究[113]考察了父母冲突与儿童情绪识别的联系，以及儿童的害羞气质在其中的调节作用。该研究以99个9—11岁儿童为被试。实验者给他们呈现一系列的照片，这些照片分别描述的是伴侣之间出现愤怒、愉快、中性情绪的场景，要求被试儿童按照情绪类别将这些照片进行分类。此外，要求儿童报告父母冲突水平，并由母亲报告儿童的害羞气质水平。结果显示，儿童对父母冲突感知到的威胁与呈现给他们图片的情绪类别会产生交互作用，共同预测情绪识别的准确性，表现为感知到的威胁程度会减少儿童对中性情绪表达的识别准确性。此外，儿童的害羞气质也与他们感知的威胁产生交互作用。当儿童的害羞水平较低时，感知威胁的水平越低，他们的情绪识别精确度越高；而当儿童的害羞水平较高时，感知威胁的水平越高会导致他们情绪识别的准确性降低。因此，该研究不仅考察了儿童感知父母冲突对不同类别情绪识别精确度的影响，同时也探讨了儿童的羞怯气质在这其中的调节作用。

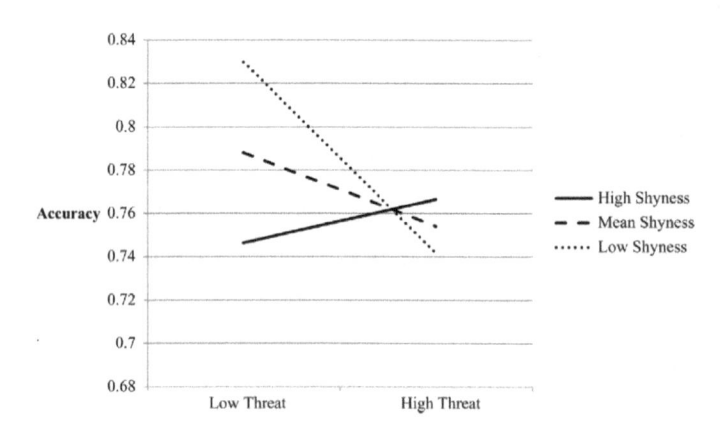

图6-14 儿童对父母冲突的感知威胁与害羞气质对情绪识别准确性的交互预测作用

注：引自Schermerhorn[113]。

Davies等人[114]的研究考察了学步期儿童的情绪反应在父母冲突与儿童生理调节功能之间的中介作用。该研究以200名学步儿童与他们的母亲作为研究被试。父母之间的攻击行为和儿童的情绪反应分别通过母亲问卷报告和半结构化访谈法得以测量。儿童的唾液皮质醇和心血管反应作为交感和副交感神经系统的测量指标。结果表明，当儿童暴露于更高水平的父母攻击环境时，他们表现出皮质醇水平升高、副交感神经反应升高和交感神经反应性降低。此外，儿童愤怒情绪反应在父母攻击与皮质醇和副交感神经反应之间具有中介作用，恐惧情绪反应在父母攻击与交感神经反应之间具有中介作用。这些发现说明父母攻击会促进儿童愤怒与恐惧情绪的产生，并进一步引发一系列的交感与副交感神经反应。

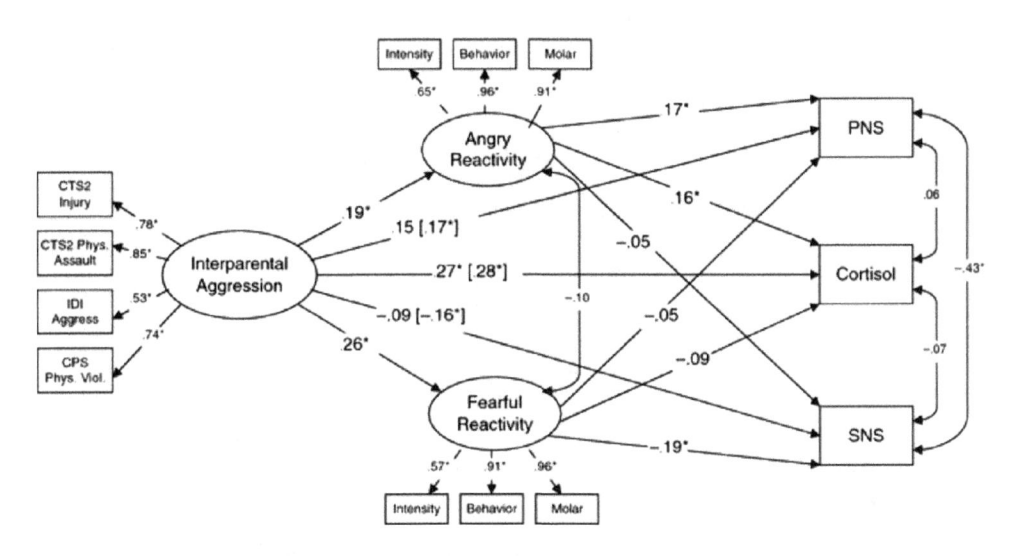

图6-15　儿童情绪反应在父母攻击与儿童神经生理反应之间的中介效应

注：引自Davies等人[114]。

Kouros等人[115]采用纵向研究设计，考察儿童早期父母冲突的发展轨迹与外化问题行为对早期青少年社会问题与亲社会行为的长期影响。该研究从幼儿园时期起，对235名幼儿与他们的父母和老师进行连续三年的追踪调查，每年一次分别由父亲和母亲报告他们之间的冲突情况（频率、强度和冲突解决）、儿童表现出的外化问题和早期社会问题行为（同伴排斥、反社会和亲社会行为）。距最后一次调查间隔5年以后，进行第四个时间点的测量，此时儿童平均年龄已达12.55岁。第四个时间点由教师和父母共同报告青少年的社会能力发展（包括亲社会行为和社会问题行为）。通过潜增长曲线模型（LGCM）来考察幼儿时期父母冲突与儿童外化问题的发展轨迹对青少年早期儿童社会能力的长期纵向影响。结果发现，早期的父母冲突轨迹对青少年社会能力并无显著的直接预测作用，而是会通过影响早期儿童的外化问题行为发展轨迹从而间接影响青少年的社会能力，如图6-16所示。

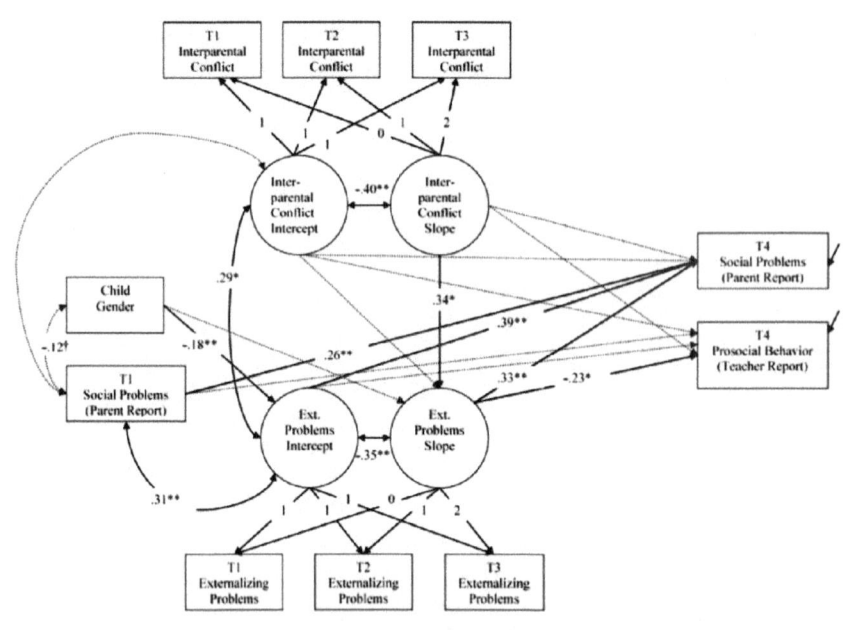

图6-16 父母冲突与早期外化问题的发展轨迹对青少年发展结果的预测

注：引自Kouros等人[115]。

除了以上国外研究者对父母冲突与儿童和青少年发展结果展开大量研究以外，国内研究者也在中国样本中探讨了感知父母冲突与儿童和青少年一系列发展结果的联系。例如，池丽萍[116]以认知情境理论为理论基础，探讨了儿童对父母冲突的威胁感知与自我归因在父母冲突与儿童内化问题之间的中介效应。该研究以302名小学生为被试，并通过池丽萍和辛自强[117]修订的中文版儿童感知父母冲突问卷（见本书附录七）来测量儿童对婚姻冲突的感知、评价和儿童的问题行为。结果表明，一方面，儿童感知到的父母冲突会增加儿童的威胁感知，并因此增加儿童的内部问题。另一方面，儿童感知到的父母冲突虽然也会增加儿童对父母冲突的自我归因，但这种归因并不会影响儿童的内部问题。

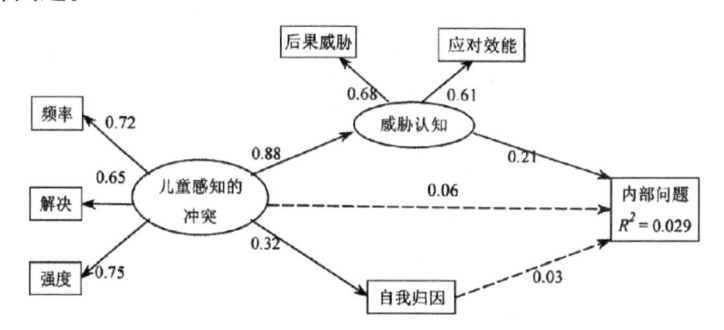

图6-17 威胁感知与自我归因在父母冲突与儿童内化问题之间的中介效应

注：引自池丽萍[116]。

另一项研究以儿童与青少年为被试，探讨他们的自我概念是否受到父母冲突的影响，并进一步对他们的心理问题产生影响[118]。研究发现，父母冲突的确会损害儿童与青少年的自我概念，并从而引发他们的情绪症状、品行问题等多方面心理问题，如图6-18所示。

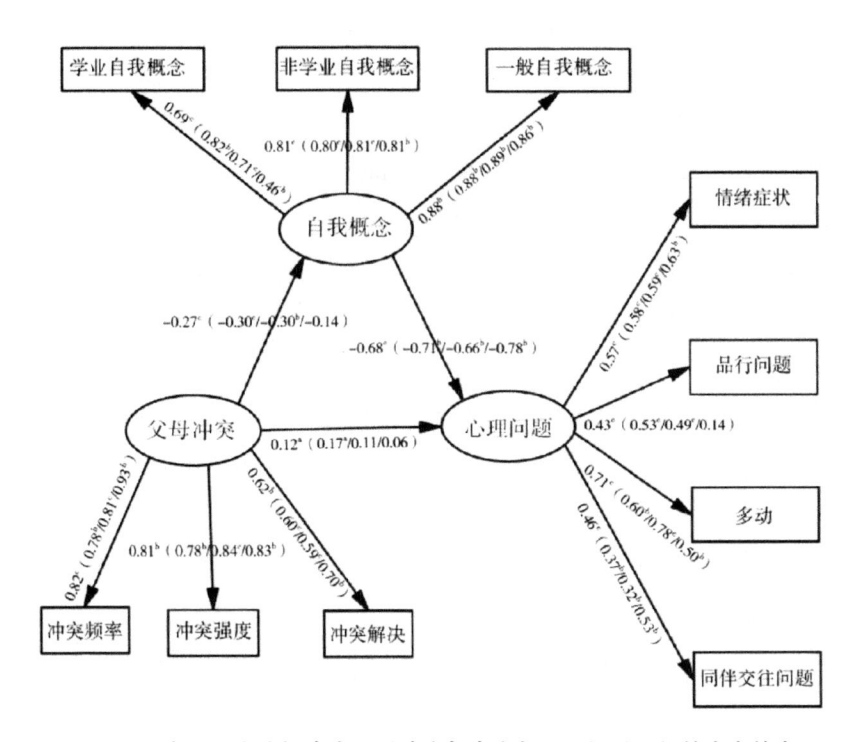

图6-18 青少年自我概念在父母冲突与青少年心理问题之间的中介效应

注：引自高猛等人[118]。

参考文献：

[1] MORRIS A S, SILK J S, STEINBERG L, et al. The role of family context in the development of emotion regulation[J]. Social Development, 2007, 16(2): 361-388.

[2] THOMPSON R A, MEYER S. Socialization of emotion regulation in the family[M]// GROSS J J. Handbook of emotion regulation. New York: Guilford, 2007: 249-269.

[3] COX M J, PALEY B. Families as systems[J]. Annual Review of Psychology, 1997, 48(1): 243-267.

[4] COX M J, PALEY B. Understanding families as systems[J]. Current Directions in Psychological Science, 2003, 12(5): 193-196.

[5] Halberstadt A G. Toward an ecology of expressiveness: Family socialization in particular and a model in general[M]// Feldman R. S, Rime B. Fundamentals of nonverbal behavior. New York: Cambridge University Press, 1991: 106-160.

[6] FOSCO G M, DEBOARD R L, GRYCH J H. Making sense of family violence: Implications of children's appraisals of interparental aggression for their short-and long-term functioning[J]. European Psychologist, 2007, 12(1): 6-16.

[7] EISENBERG N, ZHOU Q, SPINRAD T L, et al. Relations among positive parenting, children's effortful control, and externalizing problems: A three-wave longitudinal study[J]. Child Development, 2005, 76(5): 1055-1071.

[8] HALBERSTADT A G, EATON K L. A meta-analysis of family expressiveness and children's emotion expressiveness and understanding[J]. Marriage & Family Review, 2002, 34(1-2): 35-62.

[9] EISENBERG N, GERSHOFF E T, FABES R A., et al. Mother's emotional expressivity and Children's behavior problems and social competence: Mediation through children's regulation[J]. Developmental Psychology, 2001, 37(4): 475-490.

[10] DIX T. The affective organization of parenting: Adaptive and maladaptive processes[J]. Psychological Bulletin, 1991, 110(1): 3-25.

[11] EISENBERG N, CUMBERLAND A, SPINRAD T L. Parental socialization of emotion[J]. Psychological Inquiry, 1998, 9(4): 241-273.

[12] MESQUITA B, LEU J. The cultural psychology of emotion[M]// KITAYAMA S, COHEN D. Handbook of cultural psychology. New York: Guilford Press, 2007: 734-759.

[13] SOTO J A, LEVENSON R W, EBLING R. Cultures of moderation and expression: Emotional experience, behavior, and physiology in Chinese Americans and Mexican Americans[J]. 2005, Emotion, 5(2): 154-155.

[14] BARIOLA E, GULLONE E, HUGHES E. Child and adolescent emotion regulation: The role of parental emotion regulation and expression[J]. Clinical Child and Family Psychology Review, 2011, 14(2): 198-212.

[15] CHEN S H, ZHOU Q, EISENBERG N, et al. Parental expressivity and parenting styles in Chinese families: Prospective and unique relations to children's psychological adjustment[J]. Parenting, science and practice, 2011, 11(4): 288-307.

[16] HU Y, WANG Y, LIU A. The influence of mothers' emotional expressivity and class grouping on Chinese preschoolers' emotional regulation strategies[J]. Journal of Child

and Family Studies, 2017, 26 (3): 824-832.

[17]HALBERSTADT A G, DENNIS P A, HESS U. The influence of familiy expressiveness, individuals' own emotionality, and self-expressiveness on perceptions of others' facial expressions[J]. Journal of Nonverbal Behavior, 2011, 35(1): 35-50.

[18]LIEW J, JOHNSON A Y, SMITH T R, et al. Parental expressivity, child physiological and behavioral regulation, and child adjustment: Testing a three-path mediation model[J]. Early Education and Development, 2011, 22(4): 549-573.

[19]HALBERSTADT A G, CASSIDY J, STIFTER C A, et al. Self-expressiveness within the family context: Psychometric support for a new measure[J]. Psychological Assessment, 1995, 7(1): 93-103.

[20]DARLING N, STEINBERG L. Parenting style as context: An integrative model[J]. Psychological Bulletin, 1993, 113(3): 487-496.

[21]EISENBERG N, VALIENTE C, MORRIS A S, et al. Longitudinal relations among parental emotional expressivity, children's regulation, and quality of socioemotional functioning[J]. Developmental Psychology, 2003, 39(1), 3-19.

[22]Valiente C, FABES R A, EISENBERG N, et al. The relations of parental expressivity and support to children's coping with daily stress[J]. Journal of Family Psychology, 2004, 18(1): 97-106.

[23]HALBERSTADT A G. Family socialization of emotional expression and nonverbal communication styles and skills[J]. Journal of Personality and Social Psychology, 1986, 51(4): 827-836.

[24]GAO M, HAN Z R. Family expressiveness mediates the relation between cumulative family risks and children's emotion regulation in a Chinese sample[J]. Journal of Child and Family Studies, 2016, 25(5): 1570-1580.

[25]RAMSDEN S R, HUBBARD J A. Family expressiveness and parental emotion coaching: Their role in children's emotion regulation and aggression[J]. Journal of Abnormal of Child Psychology, 2002, 30 (6): 657-667.

[26]LI D, LI X. Within- and between-individual variation in fathers' emotional expressivity in Chinese families: Contributions of children's emotional expressivity and fathers' emotion-related beliefs and perceptions[J]. Social Development, 2019.

[27]GARNER P W, POWER T G. Preschoolers' emotional control in the disappointment paradigm and its relation to temperament, emotional knowledge, and family expressiveness[J].

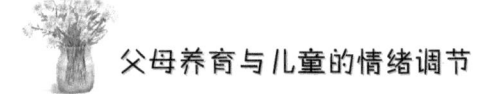

Child Development, 1996, 67(4): 1406-1419.

[28] GARNER P W. Toddlers' emotion regulation behaviors: The roles of social context and family expressiveness[J]. The Journal of Genetic Psychology, 1995, 156(4): 417-430.

[29] GREENBERG M T, LENGUA L J, COIE J D, et al. Predicting developmental outcomes at school entry using a multiple-risk model: Four American communities[J]. Developmental Psychology, 1999, 35(2): 403-417.

[30] HALBERSTADT A G, CRISP V W, EATON K L. Family expressiveness: A retrospective and new directions for research[M]// PHILIPPOT P, FELDMAN R S, COATS E J. The social context of nonverbal behavior. New York: Cambridge University Press, 1999: 109-155.

[31] CHEN S H, ZHOU Q, MAIN A, et al. Chinese American immigrant parents' emotional expression in the family: Relations with parents' cultural orientations and children's emotion-related regulation[J]. Cultural Diversity and Ethnic Minority Psychology, 2015, 21(4): 619-629.

[32] PAQUETTE D. Theorizing the father-child relationship: Mechanisms and developmental outcomes[J]. Human Development, 2004, 47(4): 193-219.

[33] PAQUETTE D, BIGRAS M. The risky situation: A procedure for assessing the father-child activation relationship[J]. Early child development and care, 2010, 180(1-2): 33-50.

[34] TAMIS-LEMONDA C S. Conceptualizing fathers' roles: Playmates and more[J]. Human Development, 2004, 47(4): 220-227.

[35] CASSANO M C, ZEMAN J L. Parental socialization of sadness regulation in middle childhood: The role of expectations and gender[J]. Developmental Psychology, 2010, 46(5): 1214-1226.

[36] THOMASSIN K, SUVEG C. Reciprocal positive affect and well-regulated, adjusted children: A unique contribution of fathers[J]. Parenting: Science & Practice, 2014, 14(1): 28-46.

[37] MALATESTA C Z, HAVILAND J M. Signals, symbols, and socialization: The modification of emotional expression in human development[M]// Lewis M, SAANI C. The socialization of emotions. New York: Plenum, 1985: 89-116.

[38] 陆芳. 亲子情绪谈话与儿童情绪社会化的发展[J]. 学前教育研究, 2017, 24 (1): 44-52.

[39]BROWN J, DUNN J. Continuities in emotional understanding from 3 to 6 years[J]. Child Development, 1996, 67(3): 789-802.

[40]DUNN J, BRETHERTON I, MUNN P. Conversations about feeling states between mothers and their young children[J]. Developmental Psychology, 1987, 23(1): 132-139.

[41]DUNN J, BROWN J, BEARDSALL L. Family talk about feeling states and children's later understanding of others' emotions[J]. Developmental Psychology, 1991, 27(3): 448-455.

[42]LAIBLE D, THOMPSON R. Mother-child discourse, attachment security, shared positive affect, and early conscience development[J]. Child Development, 2000, 71(5): 1424-1440.

[43]DENHAM S, AUERBACH S. Mother-child dialogue about emotions and preschoolers' emotional competence[J]. Genetic, Social, and General Psychology Monographs, 1995, 121(3): 313-337.

[44]LAIBLE D. Mother-child discourse surrounding a child's past behavior at 30 months: links to emotional understanding and early conscience development at 36 months[J]. Merrill-Palmer Quarterly, 2004, 50(2): 159-180.

[45]GARNER P W, JONES D C, GADDY G. Low-income mothers' conversations about emotions and their children's emotional competence[J]. Social Development, 1997, 6(1): 37-52.

[46]GARNER P W. Child and family correlates of toddlers' emotional and behavioral responses to a mishap[J]. Infant Mental Health Journal, 2003, 24(6): 580-596.

[47]GARNER P W, DUNSMORE J C, SOUTHAM-GERROW M. Mother-child conversations about emotions: Linkages to child aggression and prosocial behavior[J]. Social Development, 2008, 17(2): 259-277.

[48]BROWNELL C A, SVETLOVA M, ANDERSON R, et al. Socialization of early prosocial behavior: Parents' talk about emotions is associated with sharing and helping in toddlers[J]. Infancy, 2013, 18(1): 91-119.

[49]FIVUSH R, FROMHOFF F. Style and structure in mother-child conversations about the past[J]. Discourse Processes, 1988, 11(3): 337-355.

[50]HUDSON J. The emergence of autobiographical memory in mother-child conversation[M]// FIVUSH R, HUDSON J. Knowing and remembering in young children. New York: Cambridge University Press, 1990: 166-196.

[51] REESE E, FIVUSH R. Parental styles of talking about the past[J]. Developmental Psychology, 1993, 29(3): 596-606.

[52] MCCABE A, PETERSON C. Getting the story: A longitudinal study of parental styles in eliciting narratives and developing narrative skill[M]// MCCABE A, PETERSON C. Developing narrative structure. Hillsdale: Erlbaum, 1991: 217-254.

[53] LAIBLE D, SONG J. Affect and discourse in mother-child co-constructions: Constructing emotional and relational understanding[J]. Merrill Palmer Quarterly, 2006, 52(1): 44-69.

[54] VAN DER POL L D, GROENEVELD M G, ENDENDIJK J J, et al. Associations between fathers' and mothers' psychopathology symptoms, parental emotion socialization, and preschoolers' social-emotional development[J]. Journal of Child and Family Studies, 2016, 25(11): 3367-3380.

[55] LAGATTUTA K H, WELLMAN H M. Differences in early parent-child conversations about negative versus positive emotions: Implications for the development of psychological understanding[J]. Developmental Psychology, 2002, 38(4): 564-580.

[56] CUI L, MORRIS A S, HARRIST A W, et al. Adolescent RSA responses during an anger discussion task: Relations to emotion regulation and adjustment[J]. Emotion, 2015, 15(3): 360-372.

[57] MORELEN D, SUVEG C. A real-time analysis of parent-child emotion discussion: The interaction is reciprocal[J]. Journal of Family Psychology, 2012, 26(6): 998-1003.

[58] SUVEG C, ZEMAN J, FLANNERY-SCHROEDER, et al. Emotion socialization in families of children with an anxiety disorder[J]. Journal of Abnormal Child Psychology, 2005, 33(2): 145-155.

[59] SUVEG C, SOOD E, HUDSON J L, et al. "I'd rather not talk about it": emotion parenting in families of children with an anxiety disorder[J]. Journal of Family Psychology, 2008, 22(6): 875-884.

[60] ALDRICH N J, TENENBAUM H R. Sadness, anger, and frustration: gendered patterns in early adolescents' and their parents' emotion talk[J]. Sex Roles, 2006, 55(11-12): 775-785.

[61] CASSANO M C, ZEMAN J L, SANDERS W M. Responses to children's sadness: mothers' and fathers' unique contributions and perceptions[J]. Merrill-Palmer Quarterly, 2014, 60(1): 1-23.

[62]VAN DER POL L D, GROENEVELD M G, VAN BERKEL S R, et al. Fathers' and mothers' emotion talk with their girls and boys from toddlerhood to preschool age[J]. Emotion, 2015, 15(6): 854-864.

[63]MESQUITA B, FRIJDA N H. Cultural variations in emotions: A review[J]. Psychological Bulletin, 1992, 112(2): 179-204.

[64]COLE P M, TAMANG B L, SHRESTHA S. Cultural variations in the socialization of young children's anger and shame[J]. Child Development, 2006, 77(5): 1237-1251.

[65]TAO A, ZHOU Q, LAU N, et al. Chinese American immigrant mothers' discussion of emotion with children: Relations to cultural orientations[J]. Journal of Cross-Cultural Psychology, 2012, 44(3): 478-501.

[66]WANG Q. Chinese socialization and emotion talk between mothers and children in native and immigrant Chinese families[J]. Asian American Journal of Psychology, 2013, 4(3): 185-192.

[67]CHEUNG B Y, CHUDEK M, HEINE S J. Evidence for a sensitive period for acculturation: Younger immigrants report acculturating at a faster rate[J]. Psychological Science, 2011, 22(2), 147-152.

[68]KIM B K. Acculturation and enculturation of Asian Americans: A primer[M]//Tewari N, Alvarez A N. Asian American psychology: Current perspectives. New York: Routledge/Taylor & Francis Group, 2009: 97-112.

[69]SAW A, OKAZAKI S. Family emotion socialization and affective distress in Asian American and White American college students[J]. Asian American Journal of Psychology, 2010, 1(2): 81-92.

[70]CHEN X. Growing up in a collectivist culture: Socialization and socioemotional development in Chinese children[M]//COMUNION H, GIELEN V. International perspectives on human development. Padua: Cadam Publishers, 2000: 331-353.

[71]MILLER P J, FUNG H, KOVEN M. Narrative reverberations: How participation in narrative practices co-creates persons and cultures[M]//KITAYAMA S, COHEN D. Handbook of cultural psychology. New York: Guilford Press, 2007: 595-614.

[72]WANG Q, BROCKMEIER J. Autobiographical remembering as cultural practice: Understanding the interplay between memory, self and culture[J]. Culture Psychology, 2002, 8(1): 45-64.

[73]HOLLENSTEIN T, LICHTWARCK-ASCHOFF A, POTWOROWSKI G. A

model of socioemotional flexibility at three-time scales[J]. Emotion Review, 2013, 5(4): 397-405.

[74]LOUGHEED L P, HOLLENSTEIN T. Socioemotional flexibility in mother-daughter dyads: Riding the emotional rollercoaster across positive and negative contexts[J]. Emotion, 2016, 16(5): 620-633.

[75]DAVIES P T, CUMMINGS E M. Exploring children's emotional security as a mediator of the link between marital relations and child adjustment[J]. Child Development, 1998, 69(1): 124-139.

[76]DAVIES P T, STURGE-APPLE M L, CICCHETTI D, et al. Children's patterns of emotional reactivity to conflict as explanatory mechanisms in links between interpartner aggression and child physiological functioning[J]. Journal of Child Psychology and Psychiatry, 2009, 50(11): 1384-1391.

[77]KOSS K J, GEORGE M R W, BERGMAN K N, et al. Understanding children's emotional processes and behavioral strategies in the context of marital conflict[J]. Journal of Experimental Child Psychology, 2011, 109(3): 336-352.

[78]EREL O, BURMAN B. Interrelatedness of marital relations and parent-child relations: A meta-analytic review[J]. Psychological Bulletin, 1995, 118(1): 108-132.

[79]FOSCO G M, GRYCH J H. Adolescent triangulation into parental conflicts: Longitudinal implications for appraisals and adolescent-parent relations[J]. Journal of Marriage and Family, 2010, 72(2): 254-266.

[80]LINDAHL K M, MALIK N M, KACZYNSKI K, et al. Couple power dynamics, systemic family functioning, and child adjustment: A test of a meditational model in a multiethnic sample[J]. Development and Psychopathology, 2004, 16(3): 609-630.

[81]COX M J, PALEY B, HARTER K. Interparental conflict and parent-child relationships[M]//GRYCH J, FINCHAM F. Interparental conflict and child development: Theory, research, and applications. New York: Cambridge University Press, 2001: 249-272.

[82]CUMMINGS E M, DAVIES P. Children and marital conflict: The impact of family dispute and resolution[M]. New York: Guilford Press, 1994.

[83]FROSCH C A, MANGELSDORF S C, MCHALE J L. Marital behavior and the security of preschooler-parent attachment relationships[J]. Journal of Family Psychology, 2000, 14(1): 144-161.

[84]KATZ L F, GOTTMAN J M. Patterns of marital conflict predict children's internalizing

and externalizing behaviors[J]. Developmental Psychology, 1993, 29(6): 940-950.

[85]BYNG-HALL J. Family and couple therapy: Toward greater security[M]// CASSIDY J, SHAVER P R. Handbook of attachment: Theory, research, and clinical applications. New York: Guilford Press, 1999: 625-645.

[86]MARVIN R S, STEWART R B. A family systems framework for the study of attachment[M]// GREENBERG M T, CICCHETTI D, CUMMINGS E M. Attachment in the preschool years. Chicago: University of Chicago Press, 1990: 51-86.

[87]MINUCHIN P. Families and individual development: Provocations from the field of family therapy[J]. Child Development, 1985, 56(2): 289-302.

[88]STEVENSON-HINDE J. Attachment within family systems: An overview[J]. Infant Mental Health Journal, 1990, 11(3): 218-227.

[89]DAVIES P T, CUMMINGS E M. Marital conflict and child adjustment: An emotional security hypothesis[J]. Psychological Bulletin, 1994, 116(3): 387-411.

[90]DAVIES P T, FORMAN E M, RASI J A, et al. Assessing children's emotional security in the interparental relationship: The security in the interparental subsystem scales[J]. Child Development, 2002, 73(2): 544-562.

[91]SAARNI C, MUMME D L, CAMPOS J J. Emotional development: Action, communication, and understanding[M]//EISENBERG N, DAMON W. Handbook of child psychology: Volume 4 Social, emotional, and personality development. New York: Wiley, 1998: 237-1143.

[92]THOMPSON R A, CALKINS S D. The double-edged sword: Emotional regulation for children at risk[J]. Development and Psychopathology, 1996, 8(1): 163-182.

[93]CUMMINGS E M, DAVIES P T. Emotional security as a regulatory process in normal development and the development of psychopathology[J]. Development and Psychopathology, 1996, 8(1): 123-139.

[94]THOMPSON R A, FLOOD M F, LUNDQUIST L. Emotional regulation: Its relations to attachment and developmental psychopathology[M]//CICCHETTI D, TOTH S L. Rochester symposium on developmental psychopathology: Volume 6 Emotion, cognition, and representation. Rochester: University of Rochester Press, 1995: 261-299.

[95]Cummings E M, Davies P T. The impact of parents on their children: An emotional security perspective[J]. Annals of Child Development, 1995, 10: 167-208.

[96]CUMMINGS E M, WILSON A. Contexts of marital conflict and children's

emotional security: Exploring the distinction between constructive and destructive conflict from the children's perspective[M]// COX M, BROOKS-GUNN J. Conflict and closeness in families: Causes and consequences. Mahwah: Erlbaum, 1999: 105-129.

[97]DAVIES P T, WOITACH M J. Children's emotional security in the interparental relationship[J]. Current Directions in Psychological Science, 2008, 17(4): 269-274.

[98]GRYCH J H, FINCHAM F D. Marital conflict and children's adjustment: A cognitive-contextual framework[J]. Psychological Bulletin, 1990, 108(2): 267-290.

[99]ATKINSON E R, DADDS M R, CHIPUER H. et al. Threat is a multidimensional construct: Exploring the role of children's threat appraisals in the relationship between interparental conflict and child adjustment[J]. Journal of Abnormal Child Psychology, 2009, 37(2): 281-292.

[100]CUMMINGS E M, GOEKE-MOREY M C, PAPP L M. Children's responses to everyday marital conflict tactics in the home[J]. Child Development, 2003, 74(6): 1918-1929.

[101]CUMMINGS E M, GOEKE-MOREY M C, PAPP L M. Children's responses to mothers' and fathers' emotionality and tactics in marital conflict in the home[J]. Journal of Family Psychology, 2002, 16(4): 478-492.

[102]GRYCH J H. Children's appraisals of interparental conflict: Situational and contextual influences[J]. Journal of Family Psychology, 1998, 12(3): 437-453.

[103]GRYCH J H, FINCHAM F D. Children's appraisals of marital conflict: Initial investigations of the cognitive-contextual framework[J]. Child Development, 1993, 64(1): 215-230.

[104]DADDS M R, ATKINSON E, TURNER C, et al. Family conflict and child adjustment: Evidence for a cognitive-contextual model of intergenerational transmission[J]. Journal of Family Psychology, 1999, 13(2): 194-208.

[105]GRYCH J H, HAROLD G T, MILES C J. A prospective investigation of appraisals as mediators of the link between interparental conflict and child adjustment[J]. Child Development, 2003, 74(4): 1176-1193.

[106]JOURILES E N, SPILLER L C, STEPHENS N, et al. Variability in adjustment of children of battered women: The role of child appraisals of interparental conflict[J]. Cognitive Therapy and Research, 2000, 24(2): 233-249.

[107]PORTER C L, WOUDEN-MILLER M, SILVA S S, et al. Marital harmony and conflict: Links to infants' emotional regulation and cardiac vagal tone[J]. Infancy, 2003, 4(2):

297-307.

[108] GRAHAM A M, FISHER P A, PFEIFER J H. What sleeping babies hear: A functional MRI study of interparental conflict and infants' emotion processing[J]. Psychological Science, 2013, 24(5): 782-789.

[109] DU ROCHER SCHUDLICH T D, WHITE C R, FLEISCHHAUER E A, et al. Observed infant reactions during live interparental conflict[J]. Journal of Marriage and Family, 2011, 73(1): 221-235.

[110] CROCKENBERG S C, LEERKES E M, LEKKA S K. Pathways from marital aggression to infant emotion regulation: the development of withdrawal in infancy[J]. Infant Behavior and Development, 2007, 30(1): 97-113.

[111] FRANKEL L A, UMEMURA T, JACOBVITZC D, et al. Marital conflict and parental responses to infant negative emotions: Relations with toddler emotional regulation[J]. Infant Behavior and Development, 2015, 40: 73-83.

[112] HIBEL L C, MERCADO E. Marital conflict predicts mother-to-infant adrenocortical transmission[J]. Child Development, 2019, 90(1): e80-e95.

[113] SCHERMERHORN A C. Associations of child emotion recognition with interparental conflict and shy child temperament traits[J]. Journal of Social and Personal Relationships, 2019, 36 (4): 1343-1366.

[114] DAVIES P T, STURGE-APPLE M L, CICCHETTI D, et al. Children's patterns of emotional reactivity to conflict as explanatory mechanisms in links between interparter aggression and child physiological functioning[J]. Journal of Child Psychology and Psychiatry, 2009, 50(11): 1384-1391.

[115] KOUROS C D, CUMMINGS E M, DAVIES P T. Early trajectories of interparental conflict and externalizing problems as predictors of social competence in preadolescence[J]. Development and Psychopathology, 2010, 22(3): 527-537.

[116] 池丽萍. 认知评价在婚姻冲突与儿童问题行为之间的作用：中介还是缓冲[J]. 心理发展与教育, 2005, 19(2): 30-35.

[117] 池丽萍, 辛自强. 儿童对婚姻冲突的感知量表修订[J]. 中国心理卫生杂志, 2003, 8: 554-556.

[118] 高猛, 李雨辰, 张伟. 父母冲突与儿童青少年心理健康：自我概念的中介作用[J]. 中国当代儿科杂志, 2017, 19(4): 446-451.

附录一
依恋Q分类法的各项描述

1. 孩子乐意与母亲进行分享，能够按照母亲的要求，把东西给她。
2. 当孩子玩了一阵子之后再回到母亲身边时，有时会不明原因地表现出挑剔并难以安抚。
3. 当孩子感到伤心难过时，除了母亲，他/她不接受其他任何人的安抚劝慰。
4. 孩子对待玩具或小宠物非常细心体贴。
5. 孩子对人物的关注度大于对事物的关注。
6. 当孩子在母亲身边，孩子发现了他/她想玩的东西，他/她会变得难哄，并且硬拉着母亲一起去玩。
7. 当孩子在许多陌生人面前时，他/她也很容易露出笑容。
8. 每次孩子一哭，就会哭得非常厉害。
9. 大多数时候孩子是无忧无虑并乐于玩耍的。
10. 当母亲把孩子放到床上睡觉时，孩子经常哭闹或表现出抗拒。
11. 即使母亲不主动拥抱孩子，孩子也会经常拥抱或依偎着母亲。
12. 面对不熟悉的人或事，孩子刚开始会感到有点害羞或害怕，但很快会习惯并适应起来。
13. 当孩子因为母亲的离去而伤心时，即使母亲回来了他/她也仍会哭闹不止。
14. 当孩子发现新奇有趣的东西时，他/她会把它拿给母亲，或者指给母亲看。
15. 在母亲的鼓励下，孩子愿意与陌生人交流，比如分享他/她的玩具，或者告诉他们他/她擅长做些什么。
16. 孩子喜欢布娃娃或者由毛绒填充物做成小动物的那种玩偶。
17. 如果大人惹孩子不愉快了，孩子立马会对大人的态度变冷淡。
18. 即使只是一般的建议而非强制性的指令，孩子也很乐意听从母亲的安排。

附录一 依恋Q分类法的各项描述

19. 当母亲让孩子把东西拿给她时,孩子会照做。
20. 当不小心被撞到、摔倒或受到惊吓时,孩子很容易忽略掉这些而不会做出反应。
21. 孩子在家门口附近玩耍时,会时刻关注着母亲的动向。
22. 孩子在玩玩具或小宠物时,会表现得像个关怀备至的大人一样。
23. 当母亲与其他家庭成员坐在一起或者对他们表现出关心时,孩子会通过哭来引起母亲对自己的关注。
24. 当母亲高声厉色对孩子训话时,孩子会为惹恼母亲而感到难过、伤心并且羞愧。
25. 当孩子超出母亲的视线范围时,母亲很难觉察到孩子的动向。
26. 当母亲把孩子留在家里由保姆、父亲或爷爷奶奶照料时,孩子会不停地哭闹。
27. 当母亲同孩子嬉戏玩耍时,孩子会开心地大笑。
28. 孩子依偎在母亲腿边时很放松享受。
29. 有时候孩子被某些事物高度吸引住时,别人对他/她说话,他/她也听不到。
30. 孩子很容易对玩具表现出愤怒。
31. 孩子总想成为母亲关注的焦点,比如即使母亲在忙或者与他人交谈,孩子也会上前打断。
32. 当母亲对孩子说"不行"甚至实施惩罚时,孩子便会立刻停止,不会再被警告第二次。
33. 有时候,孩子会示意母亲他/她想要下地,但是马上又开始哭闹要求母亲抱起他/她。
34. 当孩子因为母亲即将离去而难过时,孩子立马在原地哭闹,并且坚决不再追逐母亲。
35. 孩子不太依赖于母亲,更喜欢自己玩,即使母亲离去他/她也能继续玩自己的。
36. 孩子通常需要在母亲的支持下才能去探索与发现。
37. 孩子非常活泼,经常爬来爬去,喜欢活动性的游戏多过安静的。
38. 孩子对母亲要求很高并容易不耐烦,当母亲没有按照其想法行事时,会表现出挑剔并难以安抚。
39. 当母亲不在身边或者独自玩玩具时,孩子常常表现得严谨认真、有条不紊。
40. 孩子拿到新事物或玩具时会很仔细地把玩,尝试以不同的方式使用它们,或者拆卸它们。
41. 当母亲要求孩子听她的话时,孩子会照做。

42. 当孩子觉察到母亲情绪低落时，会变得安静甚至不安，还会尝试去安抚母亲，询问母亲怎么了。
43. 孩子不仅限于关注母亲的去向，还会更加靠近母亲或者更加频繁地回到母亲身边。
44. 孩子会主动要求母亲抱起自己并与自己依偎在一起，孩子会感到很享受。
45. 孩子喜欢跟着音乐唱起来或者跳起来。
46. 孩子在走来走去或者跑来跑去时不容易被撞到、摔倒或绊倒。
47. 如果母亲对孩子笑并且大声地嬉戏，孩子会很喜欢并且能够被带动起来一起玩。
48. 如果有不认识的大人向孩子要某个东西，孩子很乐于将自己的东西分享给他们。
49. 当家里有生人拜访时，孩子会害羞一笑然后钻进母亲的怀抱。
50. 生人来家里做客时，即使他们尝试与孩子沟通，孩子始终会表现得不大理睬或者躲躲闪闪。
51. 与来家里客人一起玩时，孩子喜欢在他们身上爬来爬去。
52. 孩子总是将一些细小零碎的物件(比如彩笔等)弄得七零八落，很难整理到一起。
53. 当母亲抱起孩子的时候，孩子会用胳膊绕着母亲或者搭在母亲的肩膀上。
54. 孩子挺期待母亲参与到他的日常活动中来，即使母亲只是简单地帮助了他一下。
55. 孩子会通过观察来模仿母亲的一举一动。
56. 当某件事看起来有点难度时，孩子会感到有点惧怕或者提不起兴趣。
57. 孩子天不怕地不怕。
58. 孩子往往对来家里做客的大人们漠不关心，只是专心玩自己感兴趣的东西。
59. 当孩子玩完某项活动或玩具时，不会立即回到母亲身边，而是会继续寻找其它感兴趣的东西。
60. 当母亲告诉孩子"没关系，它不会伤害你"时，孩子会尝试接触最初令他们感到惧怕的东西。
61. 与母亲玩耍的时候动作比较粗暴，比如会撞、抓挠或者咬向母亲。
62. 当孩子遇到开心的事情时，一整天都会很开心。
63. 孩子总爱在自己动手之前找别人帮忙。
64. 与母亲一起玩时，孩子总爱在母亲身上爬来爬去。
65. 当母亲让孩子停下正在做的事情去尝试另一个新的活动时，孩子总会很不乐意。
66. 孩子很容易与家里来访的客人熟络起来，对他们表现得很友好。

67. 当家里来客人时，孩子总希望客人们多关注他。

68. 总体而言，孩子的性格比母亲更加积极主动。

69. 孩子很少向母亲寻求帮助。

70. 看见母亲走进房间时，孩子立刻会露出大大的笑容。

71. 母亲将孩子抱在怀里，孩子会立刻停止哭泣，并从刚刚受惊或难过中缓和过来。

72. 当客人对正在做某事的孩子露出笑容表赞扬时，孩子会一遍又一遍地重复做那件事。

73. 孩子经常将他的心爱宝贝带在身边(小玩偶、小被子等)，睡觉的时候带着它，难过的时候也会抱着它。

74. 当母亲没有按照孩子的意愿行事时，孩子会认为母亲永远都不会答应自己的意愿。

75. 即便是在家里，当母亲离开房间时孩子也会难过得大哭。

76. 孩子更愿意选择玩玩具而不是和大人们待在一起。

77. 当母亲向孩子提出要求时，孩子很容易明白母亲的用意。

78. 比起父母或者爷爷奶奶，孩子更喜欢被别的人们抱或举起来。

79. 孩子很容易同母亲生气。

80. 当遇到危险性的事物时，孩子能够根据母亲的表情来获取有用信息。

81. 孩子总是通过哭来从母亲那里获得他想要的。

82. 孩子总是局限于玩那几样他很喜欢的玩具或活动。

83. 当孩子感到无聊时，他会奔向母亲那里去寻找可做的事情。

84. 孩子会试图保持房间的干净与整洁。

85. 孩子总是能够被新奇的活动或玩具而吸引住。

86. 孩子试图让母亲模仿自己，并且很快能识别出母亲对自己的模仿。

87. 如果母亲对自己刚刚做的事情表现出赞赏，孩子会反复地去做那件事。

88. 当孩子感到沮丧难过时，他会待在原地并且大哭。

89. 当孩子玩耍时，他们会表现出丰富多彩、极易察觉的面部表情。

90. 当母亲要去远一点的地方时，孩子也会跟着一起并且在新到的地方继续玩耍。

注：引自Waters和Deane（1985）。

附录二
成人依恋访谈的部分内容

1. 与你关系最亲密的家庭成员是谁？你住在哪里？

2. 请回忆在你小的时候（从记事起，越早越好），你与父母之间的相处模式，并且描述一下你与他们的关系。

3. 请用五个词语分别描述你小的时候与你的父亲和母亲之间的关系。每当你想起一个词语，请写下与之相关的一段过往记忆或经历，并且说明为什么你会选这个词语。

   妈妈：　　　　　　　　　　相关的记忆或经历
   妈妈：　　　　　　　　　　相关的记忆或经历
   妈妈：　　　　　　　　　　相关的记忆或经历
   妈妈：　　　　　　　　　　相关的记忆或经历
   妈妈：　　　　　　　　　　相关的记忆或经历
   爸爸：　　　　　　　　　　相关的记忆或经历
   爸爸：　　　　　　　　　　相关的记忆或经历
   爸爸：　　　　　　　　　　相关的记忆或经历
   爸爸：　　　　　　　　　　相关的记忆或经历
   爸爸：　　　　　　　　　　相关的记忆或经历

4. 父亲与母亲，你同哪个的关系更亲密？为什么？

5. 在你小的时候，每当你不开心的时候，你会怎么做？你那样做了以后会怎么样？请列举几条在你小时候让你感到非常伤心难过的具体事例。

6. 请描述一下你第一次与父母分离时候的情形。

7. 在你小的时候，你曾经感到过被父母排斥或拒绝吗？你当时是怎么做的？你认为你的父母是有意在拒绝或排斥你吗？

8. 你的父母曾经用言语威胁过你吗？是出于对你的惩罚，还是同你开玩笑？

9. 你认为你的早期童年经历有没有对你成人后的性格产生影响？如果有的话，对你哪些具体方面成长造成不利影响或阻碍？

10. 你怎么看待你小的时候你的父母对待你的行为方式？

11. 在你小的时候，除了父母以外，有没有其他的成年人和你关系亲密胜似父母？

12. 在你小的时候或者成人期间，你曾经历过父母或者其他同你关系很亲密的人离去吗？

13. 从你小的时候到你长大成人，你和父母之间关系有没有发生过许多变化？

14. 现如今你同你父母之间的关系如何？

注：引自George等人（1996）。

附录三

台湾版亲子依恋量表

请你在仔细阅读各题的叙述之后,在每个选项中选出一个最符合你真实感受的选项。

题目	不曾这样	很少这样	常常这样	总是这样
1. 我妈妈尊重我的感受。	1	2	3	4
2. 我认为我的妈妈是个称职的妈妈。	1	2	3	4
3. 妈妈能接受我目前的一切。	1	2	3	4
4. 对于我所关心的事情,我会想听听妈妈的意见。	1	2	3	4
5. 我觉得让妈妈知道我的感受是没用的。	1	2	3	4
6. 当我感到心烦的时候,妈妈会知道。	1	2	3	4
7. 和妈妈谈论我遇到的问题,会让我觉得自己很丢脸或很笨。	1	2	3	4
8. 跟妈妈在一起时,我很容易觉得心烦。	1	2	3	4
9. 对于我所烦恼的事情,其实妈妈知道的很少。	1	2	3	4
10. 当我跟妈妈讨论事情的时候,妈妈会在乎我的想法。	1	2	3	4
11. 妈妈信任我所做出的判断。	1	2	3	4
12. 妈妈帮我更加了解我自己。	1	2	3	4
13. 我会告诉妈妈关于我所遇到的问题和麻烦。	1	2	3	4
14. 我会生妈妈的气。	1	2	3	4
15. 妈妈很少注意到我。	1	2	3	4
16. 妈妈会鼓励我说出我所遇到的困难。	1	2	3	4
17. 妈妈了解我。	1	2	3	4
18. 我信任妈妈。	1	2	3	4
19. 妈妈并不清楚我最近经历了哪些事情。	1	2	3	4
20. 当我必须把心事抛开的时候,妈妈可以帮我做到。	1	2	3	4

注:引自孙育智和叶玉珠(2004)。

附录四

情绪调节困难量表——16题简版

1	2	3	4	5
从不	偶尔	一半的时间	大多数时候	几乎总是
0—10%	11—35%	36—65%	66—90%	91—100%

请按照1—5的评分所对应的出现频率百分比来进行评定你出现以下各项描述的频率是多少：

1. 我无法弄清楚自己的感受。
2. 我对自己的感受感到困惑。
3. 当我不开心的时候，我难以完成手上的工作。
4. 当我不开心的时候，我会变得失控。
5. 当我不开心的时候，我认为这种状态会持续很长时间。
6. 当我不开心的时候，我认为我会一直很沮丧。
7. 当我不开心的时候，我很难专注地去做其他事情。
8. 当我不开心的时候，我会有失去控制的感觉。
9. 当我不开心的时候，我会因为自己有这种感受而感到羞愧。
10. 当我不开心的时候，我会觉得自己很软弱。
11. 当我不开心的时候，我很难控制自己的行为。
12. 当我不开心的时候，我感到无论做什么都没办法让自己好受一些。
13. 当我不开心的时候，我会因为自己有这种感受而很恼火。
14. 当我不开心的时候，我就开始认为自己很差劲。
15. 当我不开心的时候，我很难去思考其他事情。
16. 当我不开心的时候，我的情绪会失控。

注：引自Bjureberg等人（2016）。

附录五

情绪调节问卷

指导语：我们希望你能回答以下和你的生活中与情绪相关的问题，尤其是指你是如何控制自己情绪的。这些问题主要涉及两大方面，一个是关于你的情绪体验，比如你的内心感觉是怎样的，另一种是有关你的情绪表达，比如你通常喜欢以什么样的方式来谈论或通过肢体动作等行为来表达情绪。分数越接近1越表示不同意，分数越接近7越表示同意。

1	2	3	4	5	6	7
	非常不同意		中立		非常同意	

1. 当我想要变得积极开心一点时，我会变化一下思考方式。
2. 我只会在自己面前表现出情绪。
3. 当我希望不再这么消极难过时，我会换一种思考方式。
4. 当我感到开心快乐时，我会小心翼翼地不表露出来。
5. 当我身处压力情境时，我会尝试用能让自己保持冷静的方式来思考问题。
6. 我通常会克制自己的情绪不让它们表现出来。
7. 当我想要变得积极快乐一点时，我会换一个角度来看待当前的境况。
8. 我会尝试改变对当前处境的认知与看法，从而达到控制情绪的目的。
9. 当我感到不开心或者其它消极情绪时，我会确保自己不表现出来。
10. 当我希望自己能少一些消极情绪时，我会改变思考问题的方式。

注：引自Gross和John（2003）。

附录六
家庭情绪表达问卷题目

题目	Quadrant
1. 我会原谅把我的心爱之物弄坏了的人。	PD
2. 我会为家庭成员所做之事而心生感激。	PS
3. 我会为美好的一天而发出惊叹。	PS
4. 我会对他人的所作所为表现出不齿。	ND
5. 我会对别人的行为表现出不满意。	ND
6. 我会夸赞某些人出色的表现。	PD
7. 我对他人的粗心大意而表现出愤怒。	ND
8. 我会因为受到另一个家庭成员的不公平对待而生闷气。	NS
9. 我会为了家庭里的一些麻烦事而相互指责。	ND
10. 我会由于意见不统一而感到不愉快甚至哭泣。	NS
11. 我会不顾及别人的兴趣。	ND
12. 我会表现出对某些人的反感。	ND
13. 我会为自己的行动去寻求他人的认可。	PS
14. 我会因为自己犯了一个愚蠢的错误而表达出羞愧。	NS
15. 当紧张和压力达到一定程度时我会身心崩溃。	NS
16. 我会在收获了一次意想不到的成功之后表现出喜悦。	PD
17. 我会对他人制定的未来计划而表达出赞叹。	PD
18. 我会表现出欣赏与羡慕。	PD
19. 当一个宠物死去会表现出伤心。	NS
20. 对于某些未能实现的事情或目标而表现出失望之情。	NS
21. 我会告诉某人，他/她的仪表和状态好极了。	PS
22. 对于别人的遭遇会表现出共情与关怀。	PS
23. 我会对某些人人表达出深爱之情。	PD
24. 我会与某个家庭成员争吵。	ND
25. 我会因为某人的离开而哭泣。	NS

续表

题目	Quadrant
26. 我会不由自主地去拥抱某个家庭成员。	PD
27. 我会对于某些令人恼火的小事而表现出一过性的愤怒。	ND
28. 我会对其他家庭人员取得成功而表达出关心问候。	PD
29. 我会为自己的迟到而道歉。	PD
30. 我会对某人施以援手。	NS
31. 我会紧紧依偎着某个家庭成员。	PS
32. 我会因为受到惩罚而哭泣。	NS
33. 我会试图让伤心难过的人重新振作起来。	PD
34. 当受到伤害时,我会告诉我的家庭成员。	NS
35. 当遇到开心的事情时,我会告诉我的家庭成员。	PS
36. 我会威胁别人。	ND
37. 我会批评他人的不守时。	ND
38. 我会对于别人的恩惠表现出感激。	PS
39. 我会送个小礼物或者小人情来给某人惊喜。	PD
40. 当我意识到自己错了时,我会说"很抱歉"。	PS

注:PS = positive-submissive quadrant(积极顺从维度);PD = positive dominant quadrant(积极支配维度);NS = negative-submissive quadrant(消极顺从维度);ND = negative-dominant quadrant(消极支配维度)。引自Halberstadt(1986)。

附录七

儿童感知的父母冲突量表

指导语：在每个家庭中，爸爸妈妈的意见或做法都有不一致的时候，试着回想一下，当你的爸爸和妈妈之间发生争论或吵架时，当时是什么样情形？请根据原来真实情况来回答以下问题：

题目	完全不符合	比较不符合	比较符合	完全符合
1. 我从没有见过我爸爸妈妈争吵或意见不一致。	1	2	3	4
2. 爸爸妈妈每次争吵后，通常还能和好。	1	2	3	4
3. 爸爸妈妈经常因为我在学校里表现不好而争吵。	1	2	3	4
R4. 爸爸妈妈争吵时，他们会发很大的脾气。	1	2	3	4
5. 爸爸妈妈吵架时，我有办法让自己感觉好受一点。	1	2	3	4
6. 爸爸妈妈吵架时，我很害怕。	1	2	3	4
R7. 爸爸妈妈争吵时，他们会动手打对方。	1	2	3	4
8. 爸爸妈妈争吵时，我不责怪自己。	1	2	3	4
R9. 爸爸妈妈经常争吵或意见不和。	1	2	3	4
R10. 即使爸爸妈妈已经吵完架了，他们仍然互相生气。	1	2	3	4
11. 爸爸妈妈争吵时，我常常埋怨自己。	1	2	3	4
12. 爸爸妈妈意见不一致时，他们会很平静地商量。	1	2	3	4
13. 当爸爸妈妈争吵时，我不知道我该怎么办。	1	2	3	4
14. 即使当着我的面，爸爸妈妈也经常相互指责。	1	2	3	4
15. 爸爸妈妈争吵时，我会担心有什么坏事降临到我头上。	1	2	3	4
16. 爸爸妈妈吵完架后，仍然会彼此友好。	1	2	3	4
17. 爸爸妈妈争吵时，我觉得这全都怪我。	1	2	3	4
R18. 我经常看到爸爸妈妈正在吵架。	1	2	3	4
19. 爸爸妈妈在一件事情上意见不同时，最后还是能取得一致。	1	2	3	4
20. 爸爸妈妈的争吵通常与我有关。	1	2	3	4

续表

题目	完全不符合	比较不符合	比较符合	完全符合
21. 当爸爸妈妈争吵时，根本不听我劝说。	1	2	3	4
R22. 爸爸妈妈吵架时，他们会互相骂对方。	1	2	3	4
23. 爸爸妈妈吵架或意见不和时，我有办法劝说他们和好。	1	2	3	4
24. 当爸爸妈妈吵架时，我担心会发生什么可怕的事情。	1	2	3	4
25. 爸爸妈妈吵架通常不能怪我。	1	2	3	4
26. 即使爸爸妈妈不说，我也知道他们争吵都是因为我不好。	1	2	3	4
27. 我爸爸妈妈几乎从来没有争吵过。	1	2	3	4
28. 爸爸妈妈争吵时，通常很快就能和好。	1	2	3	4
29. 爸爸妈妈经常因为我做的事情而争吵。	1	2	3	4
30. 爸爸妈妈吵架时，我担心他们会离婚。	1	2	3	4
R31. 爸爸妈妈吵架时，经常会大喊大叫。	1	2	3	4
32. 当爸爸妈妈争吵时，我没有办法阻止他们。	1	2	3	4
33. 爸爸妈妈争吵时，我担心他们会受伤。	1	2	3	4
34. 爸爸妈妈争吵时，我害怕他们也对我大吼大叫。	1	2	3	4
R35. 爸爸妈妈在家经常互相指责、抱怨。	1	2	3	4
36. 爸爸妈妈意见不同时，从来不大声吵闹。	1	2	3	4
37. 当我做错事时，爸爸妈妈经常因此而争吵。	1	2	3	4
R38. 我爸爸妈妈争吵时，经常摔东西。	1	2	3	4
R39. 爸爸妈妈吵完架后，仍然彼此不满。	1	2	3	4
40. 当爸爸妈妈吵架时，我没办法让自己好受些。	1	2	3	4

注：R为反向计分题。引自池丽萍和辛自强（2003）。